学术著作·建筑学

历史建筑场所的重生

——论历史建筑"再利用"的场所构建

杨宇峤 ◎ 著

西北工业大学出版社

【内容简介】 历史建筑保护与再利用的发展,受到了现象学、场所理论等现代哲学和建筑理论的影响。而这些理论的发展研究本身又在很大范围中将历史环境的"再利用"实践作为分析对象,形成一种互相渗透融合的倾向。本研究试图借助"场所理论"确定历史建筑"再利用"的目标,并以新时代场所精神为一定评价标尺,选择场所塑造方式,从而帮助人们完整理解人与建筑环境间的复杂联系及其意义,认识到建筑物质功能与自然环境、社会文化动态结合的重要性。本书利用相关资料并结合作者亲身实践的项目进行了再利用设计的详细分析;以"场所构建"作为主要目标和方法,特别提出了历史建筑再利用的一种新概念;提倡任何场所都是有精神的,建筑师的职责就是守护和延续这种精神。

图书在版编目(CIP)数据

历史建筑场所的重生/杨宇峤著 . —西安:西北工业大学出版社,2015.9
ISBN 978 - 7 - 5612 - 4630 - 6

Ⅰ.①历… Ⅱ.①杨… Ⅲ.①古建筑—保护—研究 Ⅳ.①TU - 87

中国版本图书馆 CIP 数据核字(2015)第 237963 号

出版发行:西北工业大学出版社
通信地址:西安市友谊西路 127 号   邮编:710072
电　话:(029)88493844　88491757
网　址:www.nwpup.com
印 刷 者:兴平市博闻印务有限公司
开　本:720 mm×1 020 mm　1/16
印　张:10
字　数:154 千字
版　次:2015 年 11 月第 1 版　 2015 年 11 月第 1 次印刷
定　价:30.00 元

前　言 PREFACE

　　历史建筑作为一种固化的人类文化,曾经与一定历史时期、一定地域的人们的生活相联系,蕴含着独特的地域文化。随着全球文化产业化速度的加快,历史建筑所蕴涵的丰富资源业已成为各国发展文化产业和民族经济重要的物质基础和文化基础,历史建筑保护与利用也逐渐在世界各国受到越来越广泛的重视。近20年来,随着我国经济持续高速发展,城市化速度的加快和旧城改造规模的扩大,历史环境保护与发展问题日渐凸显出来。

　　为了从根本上认识和解决这种环境危机,本书从场所理论的角度,同时结合社会学、经济学、生态学、美学等相关学科知识,研究了历史建筑的保护性再利用。其基本目标是帮助人们完整理解人与建筑环境间的复杂联系及其意义,认识到历史建筑的功能与自然环境、社会文化相结合的重要性,从而达到保护历史景观、改善生活环境以及延续传统文化的目的。

　　本书通过历史建筑再利用的历史回顾和问题剖析,在研究场所特征的基础上,论述人在场所中的感知与体验,探讨对场所自然特征的利用与塑造以及城市环境中场所的构建方法和手段。试图建立从场所特征分析、场所精神的确立到场所精神的标尺作用的运用模式,提出历史建筑再利用中场所及场所精神延续、发展和再生的策略、原则。最后,给出我国现阶段历史建筑再利用中需进一步加强与完善的地方。全书主要内容包括以下四部分。

　　第一部分(第2,3章)回顾国内外历史建筑再利用理论和发展状况,考察我国当前社会经济背景下历史建筑再利用的价值与其存在的问题;阐述场所理论的概念及研究方法,提出场所理论在历史建筑再利用中的运用模式及意义。

　　第二部分(第4,5章)首先通过分析自然环境中场所自然特征及人文特征的利用与塑造,以及人的感知与体验,介绍自然环境中历史建筑保护性再利用的塑造方式与手段,并将其应用到峨眉山白龙寺景区保护与更新中,在分析场所特征基础上,考察自然环境中场所精神的营造及场所的利用与塑造;其次,分析城市历史变迁中历史建筑的保护性再利用,提出以场所精神为标尺选择再利用的方法与手段,并将其应用到如皋东大街历史街区保护与利用中,分析城市变迁中市井文化缺失的原因,给出复兴市井文化的地方潜力与解决策略。

第三部分(第6章)提出历史建筑再利用中场所构建的策略、原则与程序。论述历史建筑的保护性再利用中应注重的几个问题:场所现状调研、环境质量把握、经济效益的带动作用,以及公众参与及技术支持等,并将它运用到普陀山多宝塔的修复研究中,确立延续宗教场所精神的修复目标,解决修复原则的分歧。

第四部分(第7章)主要针对我国历史建筑保护与利用中的三方面问题:相关法规制度、资金保障体系及专业学科建设等提出了需要加强与完善的地方,并进一步给出了我国历史建筑再利用的发展趋势与思考。

撰写本书曾参阅了相关文献资料,在此,谨向其作者以及对本书写作、出版给予帮助支持的领导、专家和同仁深致谢忱。

杨宇峤

2015 年 8 月

目 录 CONTENTS

第 Ⅰ 章 >>

绪 论

1.1 研究的背景和意义

1.1.1 研究的背景

20 世纪既是人类从未经历过的伟大而进步的时代,又是史无前例的患难与迷惘的时代。技术和生产方式的全球化带来了人与传统地域空间的分离,地域文化的多样性和特色逐渐衰微、消失;城市和建筑物的标准化和商品化致使建筑特色逐渐隐退。建筑文化和城市文化出现趋同现象和特色危机。虽然,21 世纪人类从前人手中继承历史建筑的数量远远超出以往任何一个时代,但是面临的生态与文化危机却远比以往更加复杂、严重。人类对自然以及对文化遗产的破坏已经危及自身的生存;始料未及的"建设性破坏"屡见不鲜。[1]

从建筑发展史中可以看到,直到工业革命前,除了战争或自然灾害的毁坏外,城市建筑一直是在以新建与再利用相辅相成的方式谐调发展的。只是工业革命后才出现了大片废弃或推倒重建的现象。事实上,建筑史中一些赫赫有名的建筑都曾被改造使用过,如帕提农神庙被改作过基督教堂,土耳其人占领雅典后又改为清真寺,并在西南角上立了尖塔;伊斯坦布尔的圣索菲亚大教堂,改作清真寺后,四角加了尖塔,内墙面的天使像被古兰经语录取代;而英国的约克郡国王庄园被改造使用次数更多,从 13 世纪到现在的近 800 年间,它分别被改作过修道院长宅邸、王宫、议会行政中心、公寓、育人学校、工厂直至当前的高等建筑研究学院校舍……这些建筑都曾以某种方式存在于人们的生活中,并产生影响,又不断变成过去,成为过去的延续。而蕴藏在建筑空间中的深层精神,在过去、现在、未来的时间链条中源远流长。

历史建筑场所的重生

从20世纪60年代开始,历史建筑改造再利用已在一些西方国家成为建筑设计行业的重要业务领域。如美国建筑师超过70%的工作量与建筑再利用有关。美国未来研究会(IAF)预测,20世纪末及以后一个时期为"改建时代"。[2]日本综合研究开发机构编写的《事典90年代日本的课题》一书也谈到,21世纪城市建设将从"建造"时代过渡到"维护管理"时代。[3]可见,人们的思想观念逐渐有了转变,不仅看中历史建筑的历史艺术价值,还将其看作整个社会经济体系中的一种产品,看到其在经济、社会、环保等方面的潜在价值,视其为发展的一个契机。国外已经有学者提出再循环(recycling)建筑,笔者觉得这个"再循环"就是复活、再生、继续生长的过程。

历史建筑不同于古董、艺术品仅作为一种美的遗迹存在,它还具有与人们的生活密切相关的实用功能。然而,随着时间推移,历史建筑时常会受到自然和人为因素影响,而发生功能和形式的种种变化。因此,对于历史建筑保护不是对建筑的冻结、固定化或对过去建筑的简单复原,而是尽可能考虑在不损伤其本质特性的情况下,赋予其新的社会功能,给它们注入延续下去的坚强的生命力。[4]历史建筑再利用便是在保护原有建筑的基础上,探讨历史建筑空间改造"再利用"的可能性,它必须尊重历史、依循文脉、融合自然,以保护历史景观、改善生活环境、延续传统文化为目标。[5]

在我国,自改革开放以来,中国社会经济快速增长,随着加入WTO,文化融合和发展的全球化进程日益加快,中国历史建筑的保护与发展问题亦在这一背景下凸显出来。在现代化和全球化背景下,原有文化和生态格局正发生着深刻变化,城镇面貌日趋千篇一律,而这种单一面貌的文化正吞噬着历史建筑的空间特色和民族文化特色。如何审视这一现实,思考保护与发展、传统与现代、传承与创新等课题,这已是快速城市化建设进程中,国际社会广泛关注的重要命题。

1.1.2 研究的意义

1.历史建筑再利用的意义

历史建筑再利用的主要意义是基于文化遗产所体现出的"不可替代性"和"可利用性"。[6]历史建筑作为某一时期城市生活的载体,集中展示了人们的价值取向、美学取向和创造能力,充当着历史见证者,同时它们本身也是历史真实组成部分,失之不可复得;但现实中往往未得到很好的保护与利用,造成了一些无法挽回的损失。例如,2007年1月,上海新天安堂失火受损,如图1.1所示。新天安堂是一幢建于1886年的哥特式教堂,其高耸的尖塔

图1.1　上海新天安堂失火

曾是苏州河南岸制高点。由于教堂曾提出修复要求后空置,加之没有对历史建筑防火安全给予足够重视,才造成这样的损失。[7]历史建筑既是城市历史见证,又是城市形象的重要表征。一切形式的历史建筑都是"不可再生"的重要资源。在我们对老教堂的命运惋惜之时,也深切感到对历史建筑进行保护与利用的重要性。

历史建筑的"可利用性"是指在保护历史建筑的基础上,利用其丰富的遗产资源,更好地为现在或未来的多样化社会需求服务。事实上,在一个注重传统文化和精神追求的国度,许多传统价值观和思维方式仍在发挥作用,可以唤起人们对乡土历史文化的热爱,是宝贵的精神资源。而与此相关的建筑遗产在上述各方面,都或多或少地影响着现代社会的人们。建筑环境心理学认为,历史建筑作为一种集体记忆,有助于人们建立归属感和安全感,更好地把握其生活环境的特征及文化内涵。集体记忆的物质基础在于生活形态的独特性,这种形态不仅呈现出一种物质空间结构,而且积淀了丰富的社会情感。如果这些记忆被破坏,或从人们日常生活中消失,那么人与场所之间的必要联系就会丧失,随之带来的就是生活质量下降。[8]在我国,曲阜孔庙、长城,以及众多宗教建筑,至今依然是关于爱国、教育和宗教的文化,受到人们心理上或行为上的膜拜[9]。可见,历史建筑作为固化的文化和文化形式,是易于被人们所体验和感受的。保护只是在延续它们的职能,使用才是最好的保护。[10]

2.运用场所理论的意义

历史建筑再利用是在保护建筑形式的基础上,探讨历史建筑空间"再利用"

的可能性,因此,历史建筑往往需要接受改造而发生功能变化,而在这种变化中一定存在一种具有延续性的要素,它也许就是蕴藏在建筑空间之中的深层精神。于是,找出这种要素,讨究它与整个建筑空间或建筑环境具有何种联系,使之成为作用于建筑空间之中的机制,能够使我们更好地解决历史建筑再利用的问题。

正如现代科学和哲学的危机产生现象学,现代环境危机则直接引发建筑现象学。"今天,我们虽拥有先进技术,但却常常发现我们自己与大地和人类本身相分离。在经过数千年的环境建设之后,我们迫切需要认真地考虑我们所忽视或抛弃的东西:技术建设取代了居住;相同的精确空间取代了场所;作为原料消耗的地球取代了环境"。[11]历史建筑及环境已经到了迫切需要拯救的边沿。现象学的意义在于它是一种哲学方法论,这种现象学还原的原则为研究哲学与建筑理论提供了一种新方法和思想体系。[12]为从根本上认识和解决这种居住、场所与环境危机,许多学者转向用现象学分析环境现象。场所理论来自建筑现象学,其基本目标和任务是帮助人们完整理解人与建筑环境间的复杂联系及其意义,认识到建筑物质功能与自然环境、社会文化相结合的重要性。场所理论提倡任何场所都是有精神的,建筑师的职责就是守护和延续这种精神。

由于 20 世纪初的现代主义建筑过分强调理性,导致人性化的失落。我们的建筑在各种各样外在目标牵引和胁迫下,往往忽视或背弃了人的真实需求,导致建筑环境缺乏认同感和归属感,即一种场所沦丧。场所的沦丧就一个自然场所而言是聚落的沦丧,就共同生活的场所而言是都市的沦丧。[13]环境危机会诱发人的情感危机,而稳定的精神是人类生活的必需条件。因此,重建场所、重视人性化空间塑造已经成为建筑师们不可忽视的目标。

本书试图借助场所理论中的场所精神来作为这种要素,并将它运用到历史建筑再利用中。场所是在历史中形成,又在历史中发展的。新的历史条件所引起的环境变化,并不意味场所的结构和精神的必然改变。相反,场所的发展根本意义在于充实场所的结构和发展场所精神。因此,我们探索历史建筑的再开发利用,事实上是使其"场所精神"得以延续。只有我们发现、尊重、保护这种精神,才能真正创造性地发展场所。但这并不意味着完全固守和重复原有历史建筑的结构和特征,而是一种对历史的积极参与。[14]

运用场所理论的另一个基本意义,是因为"场所具有一定适应变化的容量。"当我们的改造利用没有超出场所容量允许的范围,建筑及其环境的变化可以使建筑的精神处于既新又旧的建筑形式中,保持生机和活力,这时,历史建筑空间的再生才具有真正意义。

1.2 相关研究动态

1.2.1 国外相关发展动态

历史建筑更新在欧美国家开始于早期文物古迹修复和整治,在漫长历史中,形成了对历史建筑延续的独特看法。从杜克(法国)的"风格性修复"(restauro stolisco)到波依托(意大利)的"文献性修复"(restaurofilologico);再从乔瓦诺尼的"科学性修复"(restauro scientifico)到以阿尔甘为代表的"评价性修复",[15]历史建筑的历史文献价值是他们关注的共性。

第二次世界大战结束后,历史建筑在艺术和社会文化中的特殊地位逐渐受到关注。人们将历史建筑置于社会文化的大环境中去思考和探索,更多地兼顾社会、历史、文化、审美和心理等诸多因素;带来的是对历史建筑认识和实践的飞跃性变化与发展。以卡罗·斯卡帕(Carlo·Scarpa)为代表的先驱们充分展现了现代技术逻辑在历史建筑保护与利用中的表现,创新地表达了历史文化与现代文化的对话,如著名的"斯卡拉大公"间隙。而1965年美国景园大师劳伦斯·哈普林(Lawrence Halprin)在吉拉德里广场的改造实践中提出了建筑的"再循环"理论,并首次将一个没落的建筑遗产融入到活跃的社会经济生活中,向人们展示了再利用蕴含的巨大商业潜力,然而这些建筑更新带有偶然的自发性。当时,以重建家园及清除贫民窟为目的的大规模城市更新运动是时代的主题。历史建筑在所谓"理性的光芒"下大量灰飞烟灭,许多历史文化景观不复存在,如图1.2所示。

图1.2 最后的点火仪式

进入20世纪70年代中后期,在人们对建筑保护与发展关系的思考下,城市复兴方式发生了巨大转变。以大规模历史建筑再利用为核心的新城市复兴浪潮中,将继承与发展、历史与现代融为一体的新蓝图展现于人们眼前。随着人们对历史建筑的物质价值与社会价值的深入认识,历史建筑再利用范围也逐渐扩大,从纪念建筑、住宅、商业建筑发展到近几年对产业类建筑的改造。另外,其保护方式在80年代中期以后越来越多样化,高技派、生态技术、极少主义等百花齐放。以现代主义为主体,融合后现代主义、解构主义的实践在历史建筑改造再利用中也很普遍。

其中典型的实例如:努维尔设计的法国贝尔福市立剧院改扩建,贝聿铭设计的卢浮宫扩建,施威格尔设计的奥博鲍姆城,等等。进入当代,各学科交叉与融合,使人们对建筑本体的认识进一步深化,加上城市记忆的外延不断拓展,以及城市的多元化复兴,使建筑更新的内容历久弥新。如SOM设计的新宾夕法尼亚火车站,法国队里尔工艺美术博物馆扩建,福斯特设计的德国国会大厦改建,一个个鲜活案例组成了澎湃的历史建筑再利用的时代浪潮。历史建筑再利用作为一种趋势,在20世纪初期启蒙,拓展于五六十年代,普及于七八十年代,成熟于90年代。欧美国家在经历了大拆大建的城市建设波折后,经过反思与总结,产生了大量优秀历史建筑再利用的实践。近百年的实践证明:保护为了利用,利用促进保护;将大规模历史建筑再利用作为城市更新、复苏的基本政策是实现历史、现实与未来共存,创造新人居环境的必由之路。

1.2.2 我国相关保护法规

我国对建筑类文化遗产的保护始于20世纪20年代,其中标志性事件是1922年北京大学考古研究所的成立。1929年成立了中国营造学社,开始用现代科学方法对历史建筑遗存进行系统调研。中国营造学社的成立,对中国历史建筑的保护与利用发挥了重要作用。1930年国民政府颁布《古物保存法》,在这部法律中,并未提及历史建筑保护问题,直至1931年颁布《古物保存法实施细则》时才增加了这方面内容。1949年后,在我国《文物保护法》中,"保护为主、抢救第一、合理利用、加强管理",已成为我国文物保护工作的大政方针。应该说,这"十六字方针"较好地解读了历史建筑保护与利用间的辩证关系。保护与利用是一个事物的两方面,它们既对立,又统一,相辅相成,相互促进。1950年颁布《关于保护文物建筑的指示》。1961年颁布《文物保护管理暂行条例》是关于文物保护的概括性法规,同时颁布了180处全国第一批重点文物保护单位,建立了制度性规定。1980 年专门发布了《关于加强历史文物保护工作的通知》,并批转了国家文物事业管理局、国家基本建设委员会《关于加强古建筑和文物古迹保护管理的报告》。1982 年,《中华人民共和国文物保护法》颁布, 通过普查共发现历史上各个时期古建筑 8.136 万处。1992 年,《中华人民共和国文物保护法实施细则》颁布。[16] 2002 年,《中华人民共和国文物保护法》提出受国家保护的文物的范围包括:与重大历史事件、革命运动或者著名人物有关的以及具有重要纪念意义、教育意义或者史料价值的近代现代重要史迹、实物、代表性建筑;2005 年,我国《历史历史文化名城保护规划规范》明确提出历史建筑是指具有一定保护价值,能够反映历史风貌和地方特色,未公布为文物保护单位,且未登记为不可移动文物的建筑物、构筑物。(我国相关建筑遗产保护发展的主要法律法规祥见附录 B)

需要注意的是,虽然我国建筑保护的法律体系日趋完备,但在保护理念与实际操作中,常会不自觉地将保护与利用的关系对立起来,造成一种较为机械的保护观念,而未能考虑到历史建筑本身的多样性。这样,在一种统一的保护口径下,历史建筑在社会中的积极适应关系被忽略。一方面文物类历史建筑尘封于人们视野之外,另一方面大批一般历史建筑倒在市场经济冲击之下,我国历史建筑保护与利用观念还有待提升。

第2章 >>

历史建筑保护与再利用的概念及发展历程

2.1 历史建筑保护与利用的概念

2.1.1 相关概念辨析

1. 历史建筑及其相关概念辨析

近年来,对于旧建筑改造、再利用的话题广受关注,各种类型旧建筑改造内容庞杂,各有侧重,涉及物质资源、社会文化等诸多方面。历史建筑再利用是在保护历史建筑的基础上,对其"再利用的可能性"进行一种探索实践,因此从广义上讲,属于历史保护(Historic preservation)的范畴,但是根据历史保护内容的不同,使用的词汇也有所不同。

(1)历史建筑

"历史建筑"的定义之一来自于英国国际古迹及遗址理事会主席伯纳德·费尔顿(Bernard Feilden):"历史建筑是能给我们惊奇感觉,并令我们想去了解更多有关创造它的民族和文化的建筑物(Building)。它具有建筑、美学、历史、纪录、考古学、经济、社会,甚至是政治和精神或象征性的价值;但最初的冲击总是情感上的,因为它是我们文化自明性和连续性的象征——我们传统遗产的一部分。如果它具有已克服危险而继续存在了 100 年的可利用状态,则它才是具有真正的资格被称为历史(Historic)的。"[17]费尔顿对历史建筑的上述定义首次出现在 1982 年,随着建筑保护迅速扩展,人们对何谓历史建筑又有了进一步的新认识。

（2）文物

文物是我国对文化财产（Cultural Property）和文化遗产（Culture Heritage）的一种特殊称谓，一般将其译为"Antique"或"Cultural Relics"。尽管我国的《文物保护法》对之并无法律性的定义，但一般认为：文物一词是人类社会历史发展进程中遗留下来的，由人类创造或者与人类活动有关的一切有价值的物质遗存的总称。[18]这和日本的有形文化财产的概念十分贴近。

（3）文物保护单位

被称为"文物保护单位"的建筑遗产，通常都是"珍宝型"古建筑，我国的《文物保护法》规定：革命遗址、纪念性建筑物、古文化遗址、古墓葬、古建筑、寺、石刻等文物，应当根据它们的历史、艺术和科学价值，分别确定为不同级别的文物保护单位。这实际上是将一切不可移动或不应当移动而需原地保存的文物通称为"文物保护单位"。[18]

（4）文物建筑

我国在建筑保护中常将"作为文物的建筑"简称为"文物建筑"。但该词并非我国对"保护建筑"的官方称谓。

（5）古董

在我国，"文物在明代和清初称之为古董（古铜）、骨董，指的是金石、陶瓷、书画、雕塑、玉器、印章和书简等，作为统治者、士大夫和文人墨客欣赏把玩之物。古建筑因其为丁匠粗鲁之事，不入主流，而不能进入文物行列"。[19]但现代意义上的建筑保护史不足70年。尽管我国将遗产保护的内涵与范围，从古董扩展到了文物，但由于我国对文物的认识是由古董演变而来的，现仍根深蒂固地将文物看作古董。但这种固有的古董观念及保护原则在建筑保护中还是值得商榷的。

2. 再利用的相关观念

对于现存历史建筑，由于改造观念、实施对象和更新手段的不同，存在许多相关的概念与观念。它们之间既有差异，又有联系。历史建筑再利用是在保护历史建筑的基础上，对其"再利用的可能性"进行的一种探索和实践，因此，从广义上讲，属于历史保护的范畴，但是根据保护内容的不同，使用的词汇也有所不同。

"保护"可以定义为，为降低文化遗产和历史环境衰败的速度，而对变化进行的动态管理。[20]历史建筑再利用不是要绝对地保护某些建筑的形体、构造、做法等，而是要在全面分析建筑场所结构的基础上，寻找保护的对象。"保护的基本目的不是要留住时光，而是要敏锐地调试变化的力量。保护是作为历史产物和未来改造者对当代的一种理解"。① 保护价值是多层次的，保护建筑针对不同的空间地域，即使在相同的范畴内，价值内涵也不同。我国《文物保护法》明确指出："具有历史、艺术、科学价值的文物，受国家保护。"该条文确定了价值范畴的基本框架，即历史、艺术和科学三个范畴。

关于"再利用"，由于改造观念、实施对象和更新手段的不同，存在许多相关的概念与观念。表2.1 给出了一些建筑再利用的相关概念，可以看出各相关概念之间的区别与联系。

表 2.1　建筑再利用的相关概念（按字母顺序排列）

名　称	解　释
适应性再利用 ADAPTIVE REUSE	强调更改建筑物最初的使用功能，使其适应新的使用要求，从而使建筑物获得新活力，强调建筑物整体机能的复苏与活化
拓展使用 EXTEND USE	强调通过对建筑物原有设备和功能进行潜力再挖掘，使建筑的利用率得到提升
历史建筑保护 HISTORIC PRESERVATION	强调对历史建筑的修复和重新使用，既是保护国家建筑遗产的手段，又是建造新建筑物的替代办法，属适应性再利用的内容
再循环 RECYCLE	强调建筑物及其耗费的循环利用，类似环保中循环使用的概念，是把建筑物的局部或设备合理利用到其他建筑中的一种做法
复兴 REHABILITATION	强调建筑物功能上的恢复，多见于对居住建筑的修缮，使其恢复原有状态和功能，但含适当的改造
改造 REMODELING	强调建筑物结构或风格的改制和改建，多是一种自发行为，根据实际需要对建筑进行小范围局部改造
更新 RENOVATION	重建，不一定与原设计一样

---

① H. L. Gornham. Maintaining the Spirit of Place.

续 表

名　称	解　释
修复 RESTORATION	强调建筑物原貌的恢复,通过清洁、修补或重建等手段恢复建筑物最初的状态,忠实原貌是其最大的标准
翻新 RETROFITTING	强调建筑物内部设备和构件的更替或改建,使其损坏的部件得到更换或修理

2.1.2　定义及范围

1. 历史建筑再利用的定义

根据美国建筑设计工程与施工百科全书(Encyclopedia of Architecture, Design, Engineering & Construction)的定义,历史建筑再利用是指在建筑领域之中创造一种新的使用机能,或者重新组构(Reconfiguration)一幢建筑,使其原有机能满足一种新需求,重新延续一幢建筑或构造物的行为,有时也被称作历史建筑适应性(Adaptive)利用。历史建筑再利用可以捕捉建筑物的历史价值,并将其转化成将来的新活力。历史建筑再利用的关键在于建筑师是否能抓住一幢历史建筑的潜力,并开发其新生命的能力。[21]本书中历史建筑再利用强调在保护的基础上对历史建筑的修复和重新使用,既是保护建筑遗产的手段,又是建造新建筑物的替代办法,属于适应性再利用的内容。

2. 历史建筑的涵盖范围

历史建筑的类型多样,对于珍宝型历史建筑必须尊重考古学的历史保护方式,而在更多的历史环境中,一般历史建筑需要接受一定的改造,不断将其整合在新的空间秩序中,以适应人们不断变化的需求。本书中所要研究的历史建筑主要是指具有历史文化价值,并且反映着某段城市或建筑发展历史的一般历史建筑,比如住宅、小型的宗教建筑、小型公共建筑及工业建筑等。在这类历史建筑中,有一部分现在的使用和保存状况不甚合理和良好,因此对这类历史建筑的保护和再利用需要思考更多的问题,同时也存在更多的再创造的可能性。按照其历史文化价值的重要程度又可分为两种类型:①必须完整保护的,②在保留其原有风貌的前提下,改建其内部和外部的。本书着重研究后一类历史建筑的保护性再利用,即具有一定历史文化价值且同时具有使用功能的建筑。尽管可以将其分为文物建筑和一般性历史建筑两类,但是它们并没有严格的界限,都是在保护基础上进行再利用,一般性历史建筑的再利用则更加灵活与丰富。

对于这类历史建筑范围的确定,这里想借用英国公民信托社(Civic Trust)所提出的关于保存建筑的 5 项标准:[22]

1)是一件艺术品,能丰富环境;

2)是某特殊风格或某时期著名的代表作;

3)在社会上占有一定的历史地位;

4)与重要人物或重大事件在历史上有联系;

5)它的存在使周围环境具有一种时间上的连续性。

可以看出,这一标准更多地强调历史建筑在城市环境中所起的作用,而并非年代的久远。对待这一类建筑要保护,但是保护的目的之一也是为了利用,即在不损害其历史价值的基础上,对其进行修复、复原或改造,以适应现代功能的需要。

2.2 历史建筑再利用的发展概况

2.2.1 国外历史建筑再利用的发展概况

西方历史建筑的保护与利用是以一种自然方式长期存在,如文艺复兴时期的巨匠勃罗乃涅斯基,在原有的佛罗伦萨主教堂上添加了美丽而壮观的穹顶,使之成为了佛罗伦萨的标志;帕拉第奥则于 1546 年在维琴察的巴西利卡外部加建了至今为人们所称颂的精美外廊。这些建筑都曾以某种方式存在于人们的生活中,并产生影响,又不断变成过去;而蕴藏在建筑空间之中的深层精神,在过去、现在、未来的时间中流传。

1. 历史上长期自然方式的保护与利用

西方的建筑历史是一部石头的史书。然而,这部史书也让人们看到,每个时代的建造者试图创造的永恒世界几乎都无可避免地被历史所改变:古罗马的神

历史建筑场所的重生

庙改建成了基督教堂,圆形剧场的废墟上构筑起了中世纪的城堡,以后中世纪的修道院变成了乡村住宅,19世纪的贵族府邸用作了20世纪的城市公寓。在历史长河中,有无数建筑被毁,也有许多建筑在又一种文明兴起时,改头换面得以幸存。像罗马万神庙这样的建筑奇迹般地得以幸存,并非开始就出自保护历史建筑的自觉性。即使是文艺复兴时期的人们对古典文化大加赞赏,其后的众多古罗马遗址仍然不可避免地成为罗马城的采石场。

西方历史建筑的保护与利用起源于14~15世纪的文艺复兴运动。14~15世纪的保护称为文艺复兴式保护(或罗马式保护),主要是把废墟中的古代经典建筑作为建筑的范例或模式。17~19世纪,由于出现"文化财富是人类共同财富"的理论,使得这种掠夺行为"合法化"。不过,在西方殖民扩张过程中,也逐渐形成了一些遗产保护的理论及观点。比如"风格性修复"或"历史浪漫主义修复"的观点,即强调文物建筑的历史性,强调保持建筑原状等。至19世纪末20世纪初,卡米罗·波依托(Camillo Boito)提出历史性保护的观点,即以保护建筑的历史价值为主,提出保护各时期建筑历史的痕迹。至此,从早期的风格性保护,发展到更加重视历史价值或历史存在的保护。从建筑发展史中可以看出,直到工业革命前,除了战争和自然灾害的毁坏外,建筑一直是在新建与再利用相辅相成的方式中协调发展的,只是工业革命后才出现了大片废弃或推倒重建的现象。

2. 近现代保护性再利用的出现与普及

1931年,通过了《雅典宪章》,从此保护成为国际间的共同政策和目标。此后,第二次世界大战期间,到处是破坏,保护陷入瘫痪,而战后重建也对保护形成危胁。直到1964年《威尼斯宪章》出台,才使近代保护重新走上正轨。从这时起,由早期保护建筑单体逐渐发展到保护整个地段、区域直至城市。保护理论也更趋成熟、深入。然而,在今天看来,《威尼斯宪章》侧重的只是如何保存历史和具有重大历史价值的建筑,并没从发展利用的角度,对待普遍存在的历史建筑。在此思想指导下建筑保护运动是相当缓和的。社会运动、建筑思潮及各国的历史建筑保护运动主要是基于一种历史性与维护性(Historical - Conservational)的观念,史实的保存与维护是相当重要的中心思想。这一时期建筑保护的动力是单纯地保存人类的过去,以便在大规模城市更新中给人们提供一些集体记忆,因而许多建筑被冻结保护,像博物馆中的展品一样。在这个时期也存在少量建筑再利用的探索。

图 2.1 维奇奥城堡博物馆

20 世纪五六十年代,在建筑遗产保护理论最发达严谨的意大利,以卡洛 · 斯卡帕(Carlo Scarpa)为代表的一批先驱们针对一些历史建筑做出了有力的尝试,如热那亚红宫美术馆、维奇奥城堡博物馆(Museum Castelvcchio),如图 2.1 所示。在这一批历史建筑再利用中,形体简洁充满现代美学意味,甚至解构手法的玻璃、钢与混凝土构件开始毫无掩饰地介入到旧肌体中。用现代材料、形式与美学理念对历史建筑史实性与可读性的自觉探索开始了。

西方爆发石油危机以后,经济复兴,许多国家出台了一系列法规和政策,大力鼓励保护和利用历史建筑。20 世纪 70 年代中后期,建筑遗产保护在"1975 年欧洲文化遗产年"开展后,迅速成为主流意识。五六十年代以物质空间为导向,以大规模"拆旧建新"为表征的建筑更新模式,随实践弊端的显现逐渐被抛弃,建筑再利用理念发生着巨大转变。以历史建筑再利用为核心的新城市复兴浪潮在西方迅速展开。在这一时期也制定了相当多的有关历史建筑保护和利用的国际性文件,如 1976 年的《内罗毕建议》(Nairobi Suggestion),1977 年的《马丘比丘宪章》(Charterof Machu Picchu),1979 年的《巴拉宪章》(Burra Charter),1987 年的《华盛顿宪章》(Washington Charter)等。

20 世纪 80 年代后期至今,历史建筑再利用的观念已经成为历史建筑保护和城市复兴的普遍观念和手段。以大规模历史建筑再利用促进城市复兴、构建新人居环境的实践在西方以及亚洲普遍展开,如伦敦道克兰地区、都柏林禁庙区等。现代主义始终是历史建筑再利用的主流,在此背景下,卢浮宫改扩建(见图2.2),特别是第二阶段对黎塞留侧翼(Richelieu Wing)的改扩建,标志着现代主义在历史建筑再利用中的成熟。而德国国会大厦改建(见图 2.3)、英国泰特美术馆改建(见图 2.4),标志着现代主义在当代掀起了再利用的艺术热潮。[23]到90 年代以现代主义为主体,融合后现代主义、解构主义的实践也很普遍,如维也

历史建筑场所的重生

纳 Falkestrasse 公司屋顶加建(见图 2.5)。

图 2.2　卢浮宫(louvre)的保护性再利用

图 2.3　德国国会大厦(Reichstag)的改建再利用

图 2.4　英国泰特美术馆(Tate Modern Museum)的改建再利用

图 2.5　Falkestrasse 公司屋顶的加建再利用

3. 西方国家历史建筑再利用的发展概况

19 世纪欧洲各国相继出现真正致力于保护历史建筑的知识阶层,面对历史建筑保护与城市发展的矛盾,其中最具代表性的有以下几个国家。

(1)法国的保护与再利用

在法国,第一部文化遗产保护法——《历史性建筑法案》——颁布于 1840 年。此后,又颁布了《纪念物保护法》(1887 年)及《历史古迹法》(1913)。从这些法律可以看出法国对历史建筑保护的关注。从 1844 年以后,由法国人 V. L. 杜克(Vollet – Le – Duc)提出的对历史建筑进行"风格性修复"的原则被广泛采用。这个理论的基本点认为,风格是从艺术的文化根源上产生出来的概念,而且这种概念是相对的,对于建筑来说,风格主要由建筑的功能形式来决定,而这种功能形式就是某种文化理解的客体表现和物质构成。比如,一座教堂有别于一座住宅,两种功能形式产生了两种建筑风格。而各种教堂的形式又不尽相同,所以它们之间表现出来的风格又是相对的。用 V. L. 杜克自己的阐释:"风格是基于一种原理之上的理想图示。"这种做法虽然表现出了那个时代的形式和风格,但是却破坏了历史建筑存在的真实性。而自从《威尼斯宪章》颁布后,修复的概念发生了改变,提倡对整个建筑物、历史真实性的尊重。将建筑物与其环境联系起来,恢复和再利用越来越受到欢迎。现在,越来越多的法国人希望把各种各样的历史建筑保留下来,不论它们是否已经被列为保护建筑。[16]

在 20 世纪 60 年代,法国共有著名建筑群落 2 000 座,其中至少有 400 座属于应该受到保护的大型历史街区。但随着都市的发展,特别是人们生活水平的不断提高,人们自然会提出诸如修建停车场、超市等新要求。于是,保护与发展这个难题又一次摆在人们面前。但是这一次法国人仍然选择了后者。他们在保护历史建筑的基础上提出了新都市改造计划,使现代文明的进入尽可能不扰乱已有传统。在对历史建筑进行改造和再利用中,建筑师和规划师寻求的是一种价值的再创造。首先是考虑项目对城市和地区发展的价值。其次是历史建筑中蕴藏着的不可复制的特征,成为了建筑师进行再创造中追求的个性化元素。建筑师从历史建筑中发现灵感,通过"借用"历史建筑的唯一性和特殊性,力图把现代建筑的价值并存于原来建筑中。

历史建筑场所的重生

在这种现象背后的问题是,现在历史建筑改建工程的造价都比较低,大部分造价在每平方米 1 000 欧元左右。因此不论是建筑师还是业主都特别关注如何用不同的方法,最有效地把新旧两部分充分利用好。所有这些案例都有一个共同特点,就是把现代人的价值观念、生活方式以及对环境的需求作为改建的基本要求。并且以简单的、清晰的设计手法去表现现代社会的生活价值观。用易于理解的、甚至是可逆的处理方法,去表达对历史价值的尊重。虽然影响最后效果和结果的因素很多,如建筑造价、建造时间和业主要求等。但可以发现,建筑师们都是在追求一种属于每幢历史建筑自身的,合理、可行的最佳处理方法。[24]

(2)德国的多元化再利用

德国大部分城市的建设已经进入成熟期,目前,主要追求的是高质量、低数量的发展。历史建筑的改建作为延续城市文脉,改善建筑环境,充分利用既有资源的有效手段,成为德国建设项目的主要组成部分。

第二次世界大战后的德国,改建再利用是对历史建筑积极的保护,也是复兴旧城区,调和发展与保护之间矛盾的重要途径。德国历史建筑改建大体有下述特点。

1)整旧如旧,保持历史建筑的原貌。对于历史建筑原有的外部环境、结构、材料、空间,最大限度地予以保留,并因地制宜地与新功能相结合。对建筑外墙和内部空间的改建,尽量采用轻质材料和相对独立的构造,即使日后维修或拆除,也不会对旧建筑造成损害。

2)大胆创新,新建部分体现时代特征。由于当代设计手法和新材料、新结构的应用,改建后的历史建筑在新旧对比中求得和谐,具有视觉上的"冲击力",并成为城市中融合历史和当代文化的物质载体。

3)节能节材,提高建筑生态性能。通过新的空间、构造与技术,改善历史建筑内部物理(声、光、热)环境,以及室内空气质量。在节约能耗的同时,充分利用清洁能源和可再生能源。新建部分尽量采用钢、木、玻璃等可回收利用的材料。

4)象征意义,赋予建筑新的内涵。重要的历史建筑具有纪念碑式的象征意义,改建要在尊重历史的同时,体现当代人对其象征意义的理解,从而赋予建筑新的内涵。[25]

(3)意大利的保护和修复理论

在意大利,关于保护和修复理论的历史态度,再一次显示 V. L. 杜克与拉斯金的对立观点之间的争论。1932 年颁布的《意大利修复宪章》通过"对历史建筑修复的指示"的扩充,明确提倡维护的重要性,反对风格式修复。1942 年就制订了保护历史城市的法律,此后又制订了一系列的规划。在《威尼斯宪章》颁布后,1972 年的修复宪章不允许"风格式修复"改变过去各时期建造的"历史痕迹",开始重视综合保护,通过了对具有历史的、艺术的和环境价值的复原计划。1999 年通过的新法律,强化了文化与环境的协调。

特别是近年来,针对一些历史建筑进行的保护性再利用,在那些改造实例中,我们能够看出一个"典型意大利式"的态度:关注和尊重历史建筑表现为保持原来历史建筑遗存的风貌,但并不放弃使用当代的材料和技术。这里的建筑哲学是避免在历史遗迹的脉络中,使用一种模仿的方法来进行新功能植入。[26]

(4)美国"利用促进保护"的观念

在美国,历史建筑再利用基本起步于 20 世纪 60 年代,由于美国的特殊的历史背景,存在许多保存较为完好的历史建筑,同时对历史保护的热衷也推动着建筑再利用的蓬勃发展,从 1976 年美国建筑再利用的开路人之一 B. 戴尔蒙斯坦(Barbaralee Diamonstein)撰写了美国第一本关于建筑再利用的著作《建筑再生》(Buildings Reborn:New Uses,Old Places)起,[27] 到 1986 年,他的第二本著作《重建美国》(New Uses,Old Places:Remaking America)问世,短短十年间,美国的历史建筑再利用从一个崭新的概念,发展到每年创造 24 亿美元税收的产业。在这个时期,再利用已经不仅仅局限于单体建筑的保护,而是扩大到历史地段和社区城市的层次,并且与城市建设和复兴相联系,以利于促进保护是这时期最突出的主题。[23]

2.2.2 我国历史建筑再利用的实践与现实问题

1. 我国近现代保护性再利用的实践

近些年,我国对历史建筑的再利用也进行了一些尝试,并有不少成功实例。城市中历史建筑再利用的方式从朴素的物质再利用到"冻结"式的保存,进而发展为以历史性建筑再利用为核心的城市复兴运动的主要组成部分。正如吴焕加先生在《中国建筑的传统与新统》中提出"新统"的看法,"古今异宜,却可并存,数量比重变化,但仍然各有各的作用,各有各的适用阙"。从 1993 年北京原京奉

历史建筑场所的重生

铁路正阳门东站建筑的复原改建（见图2.6[28]），北京远洋艺术中心改建，北京竹园宾馆（利用清朝末年邮传大臣的私邸改建而成）、南京总统府的修缮（用作博物馆），南京南捕捉厅民居维修改造，到上海外滩招商总局大楼改造、18号、24号改造等。这些历史建筑的再利用以保护遗存、展示历史建筑为主要内容，更新其机能为目标。而随着人们对历史建筑的物质价值与社会价值的深入认识，建筑再利用有了更深远的内涵。北京、上海等地通过工业布局调整及区域功能特色结合，推动产业类历史建筑保护结合创意产业发展已取得成效。如图2.7[29]所示的"北京798"军工厂被改造利用为艺术区；苏州河畔旧厂房改造以及上海江南造船厂改造等。无论是对历史建筑认识范围的扩展还是再利用方式的多样变化，都彰显出建筑更新的多元化发展。

图2.6　北京原京奉铁路正阳门东站改建　　图2.7　"北京798"军工厂改造

2. 我国历史建筑再利用的现实问题

在我国，从大都市到小城镇，也都已逐步认识到保护历史建筑的必要性。但是，对保护本身以及对历史建筑再利用的价值认识上，却存在着一些问题。

1）受功利主义影响，一些地方片面追求经济利益和眼前利益，把开发利用历史建筑作为带动地方经济发展最有效、最直接的途径。因此，常常表现出不同程度的过度行为，伴随着遗产资源的过度开发与掠夺性索取，结果总是以历史建筑及环境生态失衡、历史真实性与风貌完整性消失为代价，来换取地方经济一时的"发展和繁荣"。这种做法一方面使得历史建筑同现代人居环境及历史文化背景割裂开来。另一方面，也使那些暂无直接经济价值的历史建筑被拒之于保护的门墙之外。另外，由于缺乏必要维护基金，修复人员的工作没有得到足够重视，技艺面临失传。

2）受保护对象和范围单一，缺乏整体关照。在这方面，如为了避免单纯保护的困难与弊端,罗哲文先生指出在对历史性建筑进行修复的过程中,可以使用新技术、新材料,但都是在不损害原有建筑价值的前提下,用于补强或加固原材料、原结构。但是,仍然有许多地方出于经济上的考虑,或由于观念上的误导,只愿保护几个独立的建筑物,对于周围环境则关心甚少,甚至将其视为障碍而加以拆除。西藏布达拉宫八角街的拆除,遵义会议会址周边建筑的拆除,苏州园林周边景观的拆除等,像这样一些破坏性的建设使得那些受保护的历史建筑孑然独存。如山西应县净土寺大殿,据清代《应州志》载,净土寺于"金天会二年(1124年)僧善祥奉敕创造,金大定二十四年僧善祥重修",距今已有860多年的历史。① 可是在20世纪60年代除净土寺大殿外,寺内其他建筑全部被拆除。由于将拆除房屋的积土就地垫高,新建的房屋将大殿围到了洼地里,遇到大雨殿内将会进水,严重威胁着文物的安全,如图2.8所示。[30]对历史建筑的疏离和封闭,也使其价值得不到彰显,而最终沦为一种可有可无的摆设。

图2.8 山西应县净土寺大殿

3)盲目追求现代化,对历史建筑的丰富内涵简单化,甚至庸俗化。近年来,我国飞速发展的国民经济虽在一定程度上为文化遗产的抢救、保护提供了资金上的支持,但大规模的旧城改造、史无前例的基础建设以及声势浩大的现代传媒的崛起,已经使许多历史建筑蒙受灾难。如北京四合院大面积消失,天津老街被拆改得面目全非,浙江定海古城被毁,襄樊宋明古城墙被推。历史建筑作为以往

---

① 大雄宝殿是全寺之主殿,为金代原物,在解放后仍存有许多建筑,前有天王殿、钟楼、鼓楼、中殿,东西配殿,东院有藏经阁,前有若干僧舍。中原还存有金代经幢一尊,也是难得的文物。

人们价值观念和思想文化的积淀,它的价值正在于它的时间性、厚重的历史感、沧桑感。如果取消了它的时间性和历史感,那么历史建筑的本来面目也就随之而被遮蔽,其表现在以下两个方面:其一,历史建筑的修缮上片面地追求完整、齐备,盲目地对之加以修饰、美化。殊不知有些历史建筑的魅力恰恰在于它的残缺不全。这种残缺不全,不管是自然原因还是人为原因造成的,都是其历史文化底蕴的构成因子。其二,盲目仿造、重建,无中生有。近20年来,在中国内地,仿古建筑受到旅游业的刺激而迅速蔓延。当然,有选择并且有真凭实据地重建一些有重要意义的历史建筑,也不失为一项重要的保护措施。但过度、盲目的仿古热,则有混淆视听之虞。

4)管理上政出多门,效率低下。历史建筑的保护性再利用会涉及到许多部门,这是由历史建筑本身所具有的复杂性决定的。但是,如果我们只考虑到问题的复杂性而实行多头管理,历史建筑保护与利用就很容易因利益之争而受到影响。从理论上说,中国的历史建筑管理工作可能会涉及文化部、宗教局、建设部、国土资源部等诸多部门。国外经验已经证明,这种多头管理模式势必造成管理的混乱。[16]

2.3 历史建筑再利用的价值再认识

由于近些年快速的城市化与技术的飞速发展,人们惊异地发现,已经失去或遗忘了太多东西:民族文化、乡土艺术、精神需求等,而被某种纯技术观念和片面的"现代化"所取代。人们已清醒地认识到,重新认识和肯定各民族的地域文化特性,保护历史建筑多样性,使那些充满魅力的生活环境再生的时代已经到来。

2.3.1 缓解三种危机

1.缓解生态危机

(1)缓解自然生态危机

人类生存的环境在不断地变化着,在地球资源有限及不可再生的前提下,对于自然资源有效利用而言,建筑再利用显示出更大效益。从建筑的生产和解体两个环节上看,社会成本主要体现在资源消耗、环境污染等方面。历史建筑由于多采用手工工艺,本身对环境没什么负面影响,如果将其拆除,老材料难以利用,不仅浪费,而且势必污染环境。同时,新建筑的建造必然使用大量的能源。日本有关学者研究得出:在环境总体污染中与建筑业有关的环境污染所占比例为34%,包括空气污染、水污染、固体垃圾污染、光污染和电磁污染等,极为可观。[31]如图2.9所示,历史建筑的保护性再利用,延长建筑使用寿命,在其生命周期内予以不断地更新使用,降低拆除重建的机率,则将有益于环境污染的改善。因此,历史建筑的再利用,有利于保护资源,减少环境污染。可见,历史建筑再利用是一项新生事物,也是国际大趋势,如近些年统计欧美国家用在新建设和旧房改建上的资金,英国是1:1,美国是3:7,旧房也是财富和资源。

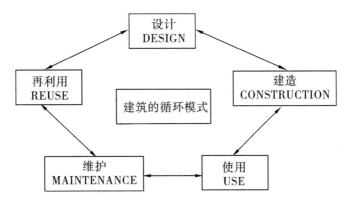

图2.9 建筑的循环模式

工业革命后,人类在利用和改造自然的过程中,取得了骄人成绩,同时也付出了惨痛代价。如今,生命支持资源包括空气、水和土地日益退化,环境祸患正在威胁人类。建筑业是个耗能大户,据统计,全球能量的50%消耗于建筑建造与使用过程。由于现代文明和现代建筑所携带的破坏性格,再度关注历史文化和历史建筑变得十分紧迫而艰巨,因为它们教予今人更多的是人与人之间、人与地球之间的和谐关系。利用地域气候,通过设计改善建筑周围的小气候,实现自然通风与采光,减少机械通风与人工照明,这是最经济、最有效的设计思路。印度建筑师柯里亚的"形式服从气候",就是这种朴素的生态思想。建筑再利用比起拆除新建,既可大量减少建筑垃圾,又可减少资源浪费,是建筑可持续发展有效途径之一。

(2)解决社会生态问题

历史建筑保护性再利用还是一个社会生态问题。如人们对自然生态多样性的态度一样,也需要社会文化多样性,人们越来越向往挖掘传统文化及领略异质文化。历史建筑和丰富的具有生活特色的历史环境就成为这种重要文化资源。[32]实践证明,对历史建筑进行保护的最有效办法就是赋予它新的使用功能,同时进行适当更新和改造,使之成为现代生活不可分割的一部分。只要仍在使用中,建筑就会得到关心和维护,就会避免因闲置而造成的毁坏。此外,历史建筑多采用手工工艺,对其维修、更新和再利用可以增加手工匠人的就业机会,并使一些传统技艺得到继承和发展,这是无法估量的社会效益,其价值远远超过土地成本与建筑成本。[33]

2. 缓解历史文化危机

工业革命以后,由于生产力的迅猛发展,整个社会的运作方式及由此产生的城市功能、布局等都受到巨大冲击,人们不得不对城市中的建筑物做出一定改变。然而,在旧城更新中多陶醉于新技术、新材料,忽略了历史文化关系,过分依循"形体决定论"来创造新建筑。这样一来,许多像纽约宾夕法尼亚火车站这样的历史建筑难逃被毁命运;尽管有众多的建筑师力保,但巴黎的中央菜场还是被毁坏了。而勒·柯布西耶当年提出的"理想城市规划"则更是割裂了这种深层文化关联,只注重形式联系。他完全将建筑师看成是英雄似的建筑创造者,却看不到在建筑形成过程之中,建筑文化所起到的隐形决定作用。由此带来的后果是很多有历史文化积淀的区域被全部推掉,亲切而人性化的建筑空间全部被消解。

历史文化最本质的意义是人类的记忆,历史建筑正是通过自身的特点述说人类过去的记忆。保护这些文化遗产,事关能否为社会和人的发展提供一个良好的生存环境。UNESCO 在有关文件提到,"在生活条件加速变化的社会中,保护与建立一种与之相适应的生活环境,能够使人们接触到大自然和先辈遗留下来的文明见证,这对于人的平衡和发展是十分重要的"。历史建筑可以提供或者参与营造一种宜人的生存和发展的历史文化环境。这对于生活在钢筋混凝土森林中的现代人来讲,意义非常重要。历史建筑反映了历史上人类所处的生存状况,因此保护这些建筑遗产被认为是代表文明素质和综合水平的一项高尚事业。

诚然,当新的建筑文化元素介入时,旧的文化体系不可避免地要受到冲击,但这并不意味着我们就要对过去的文化全部否定,再去建立全新的文化体系,而应在尊重原有文化基础上,以开放的姿态将新的元素纳入到自己的文化体系中去,这样才与人们对于文化持续发展的心理需求相一致。历史建筑反映了一定历史时期的城市风貌,蕴含着丰富历史文化资源。历史价值较高的建筑可供考古、科研和教育开发,而更多历史价值一般的建筑,在当地居民心目中有着强烈的认同感,可以唤起人们对乡土历史文化的热爱,是宝贵的精神资源。

3. 缓解社会情感危机

历史建筑的历史价值是在其历史演变过程中所产生、积淀的主要价值,它对应于某个历史时期,只可以保护,而无法修复和创造,且一旦消失就将永远失去。但历史建筑对今天的社会和人群的生产生活、行为方式、情感信仰、风俗习惯的影响似乎成为其价值体系中被忽略的部分。事实上,在一个注重传统和精神追求的国度,许多传统的价值观和思维方式仍然在发挥作用,而与此相关的建筑遗产在上述各方面都或多或少地影响着现代社会和人群。在一般性的建筑遗产中,居住、游憩、集会、祭祀、膜拜等社会活动仍在进行。对于这方面的价值,我们可以借用澳大利亚文物和藏品委员会(HCC)对文物和藏品价值的分类,称之为社会或情感价值。

重视历史建筑积蓄的思想、意蕴和社会意义的保存和延续,是中国历史建筑遗产保护与利用思想的一个重要特点。所以,在当代中国历史建筑保护的价值体系中,除历史价值、艺术价值和科学价值以外,社会或情感价值应该占有一席之地。其特殊性在于它对当今社会产生的巨大影响,它不但可以被保护,而且可以被展示、引导和提升,有时甚至可以恢复和创造。在历史建筑的保护性再利用过程中,我们应当重视研究和保护其社会或情感价值,通过宣传、展示,引导其健康发展。同时注意在不损害历史建筑其他价值的同时,保留或新增延续社会或情感价值所需的设施和场所,如塑像、壁画、乐器、座椅甚至建筑物,并鼓励与历史建筑性质相符合的相关文化、宗教活动的再利用,如戏曲、庙会、祭祀等。这些新增部分本身虽不具有历史价值,却有利于更好地保护历史建筑的社会和情感价值以及与之相关的非物质文化遗产。随着时间的流逝,当代社会和情感会渐渐成为历史,其价值也随之转变为历史价值的一部分,这本身就是历史价值产生和发展的机制。[16]

2.3.2 解决三种矛盾

精神家园失落、生存家园破坏是当代人类面临的严峻问题。历史建筑作为人类的文化遗产,它既是我们的精神家园,又是我们的生存家园。面对历史建筑当前存在的问题与矛盾,我们需要进行反思,反思当前在历史建筑研究、保护和再利用中存在的问题,解决建筑与人、历史与现实、继承与创新的矛盾,树立保护历史建筑就是保护人类自身文化的意识。

1. 解决建筑与人的矛盾

人类不仅要认识自然力量,而且要不断地认识自己的本质力量,并把这种本质力量对象化,实现自身的价值。那么人类是如何认识自己和实现自己的呢?实践是人认识和实现自己的根本途径,人也借助于"物"来认识和实现自己,因为被实践造就的事物体现了人的本质力量。黑格尔说:"人有一种冲动,要在直接呈现于他面前的外在物中实现自己。而且就在这种实践过程中认识自己。人通过改变外在实物来达到这个目的,并在上面刻下自己内心生活的烙印,而且发现自己的性格在外在事物中复现了。"[34]历史建筑便是这种具有生命力的产物,它凝结着人类巨大的智慧与力量。马克思曾说:"人们自己创造自己的历史,但他们并不是随心所欲地创造,不是在他们选定的条件下创造,而是在直接碰到的、从过去承继下来的条件下创造。"[35]

那么,我们为什么要再利用历史建筑呢? 人类对前人劳动成果的依恋、爱慕和欣赏,其本质是人类对自身的保护、爱慕与欣赏。表面上人们保护的是各种不同的"物",其实他们是通过保护"物"来保护人自己,"物"不过是人类行为的一个载体而已。历史建筑再利用的实质,是人通过自己的劳动产物来传承历史,保护自己,即传承人的需要和目的、智慧和力量、情感和观念。可以说,历史建筑再利用能满足人的自我肯定、自我欣赏、自我发展和自我实现的内在需要,它是处理人与自身关系的自我实践活动的一种特殊形式。

2. 解决历史与现实的矛盾

历史建筑再利用的目的就是探寻祖宗留下的历史足迹,继承文化财富,创造民族新文化。"历史,是人的生命本质在无限时空中的拓展和延伸;历史,是人的经验、智慧在时代接力中垒积而成的文明大厦;历史,是人对自身的不断反思、继承和超越。"[36]

印度文学家泰戈尔说得好:"什么都可以买来,唯独历史是买不来的。"任何一个民族、任何一种文化都有自己的历史文化遗产。具有稳定性历史传承的历史文化遗产,是一种文化成熟的标志,也是一个民族文化特征的表现。丧失了自己的历史文化遗产,也就丧失了一种文化发展的连续性,就不能更好地进行文化创新。一个没有历史文化遗产和遗产意识的民族,在社会发展中最终会迷失方向,迷失自我。

历史与现实既有冲突又有统一,历史是指自然界和社会的发展过程,即自然界和社会已经发生而客观存在的事实。现实是现今具有内在根据、合乎必然性的存在,是客观事物和种种联系的综合。历史和现实的联系是不能割裂的,因此在对待历史建筑的问题上我们也需要培养历史文化遗产意识。历史文化遗产意识的确立,无论对个人还是社会,无论对国家民族还是全人类,都是十分重要的。

3. 解决继承与创新的矛盾

要保存和利用历史建筑,需要弄清如何继承的问题,要有正确理论指导。地方文化遗产传承的理论内涵有两条:一是继承,二是创新。所谓历史建筑的继承就是指建筑本身由历史积累而来,它具有对传统的传承性,有着历史的根基。历史建筑作为一种文化资源,为传统文化的转型提供了可资利用的多样性、文化原型及其构筑材料。历史建筑的继承既使文化传统具有稳定性、连续性,又为文化传统的创新提供了文化积累。所谓历史建筑再利用就是指能够适应不断变化的客观环境,具有创造性转化的生机,从而对现实产生重要影响。植根于历史文化的建筑就像有源之水、有本之木,既有遗产传承的连续性,又有遗产创新的生命力。相反,割裂遗产保护和再利用的关系,就会在社会实践中使历史建筑陷入两种困境:僵化保守与中断消亡。

历史建筑保护与利用之间也存在一致性。保护工作进行得好,也能够促进遗产的保护和再生。云南丽江把旅游收入中的一部分用于古城修复与文化保

历史建筑场所的重生

护,许多濒临失传的纳西族文化如纳西古乐、东巴歌舞等在旅游大潮的触动下开始"复活",打铜、制陶、民族服饰等传统手工业也获得了新生,成为带动地方经济的一个产业。

第3章 >>

场所理论在历史建筑保护利用中的内涵与作用

本章主要通过介绍场所理论[13]的来源与研究内容,重点阐述场所、场所精神的内涵与意义,以及人的感知与认同。提出了将场所理论作为一种理论分析方法运用到历史建筑再利用中。由于场所精神的存在和产生有着不同的研究角度,因此关于场所精神的讨论必须在一定背景下进行。本章内容主要借鉴挪威建筑理论家诺伯格 · 舒尔茨(Norberg Schulz)提出的一种考察建筑现象的重要方法——场所理论,它是建筑现象学的一个重要领域,而场所精神是其中的核心内容。

3.1 场所理论的来源及其研究内容

工业革命后,由于生产力迅猛发展,整个社会的运作方式及由此产生的城市功能、布局等都受到巨大冲击。在空间上,新城镇空间的围合性与私密性都已减弱,无法让人产生场所感。旧城镇的纹理被"打开",一种连续性被打破。如图3.1 所示,江苏如皋古城由于城市化建设,老城大部分已经被拆毁,只剩下东北角街区。城镇空间的和谐遭受破坏,建筑、道路和区域都丧失了它们的认同性。正如诺伯格 · 舒尔茨所谈到的,实际上现代环境很少提供古老建筑所具有的那些迷人的惊奇与发现。而现代人想要打破一般的单调时,大部分又变成恣意的幻想。这反映出一种场所的沦丧。

图3.1 如皋城市化建设对老城的破坏

工业社会带来的变革,使建筑的缓慢演进过程变成一个巨大的跳跃。我们的心智还来不及反应,周围环境就已改头换面了。当人们欣喜于新技术、新时空感时,人们在心理上及生理上都感到了某种失落与恐慌。这样突变过后的一段时间里,人们逐渐认识到工业革命对聚居环境所造成的一系列问题:文化产生断层,历史留有缺失,经济造成浪费,环境也受到破坏。

可见,现代运动视城市为一个庞大的开放平面。"空间在城市的开放平面中,类同的平板式建筑间流动。"K. 林奇的研究也表示,环境所导致的想象力贫乏也将会导致情感上缺乏安全感和产生恐惧感。[37]大量的现代建筑成为一种数学化与科技化的产物,外观上无所谓上下之分,室内中性而平坦的表面取代了以往历史建筑中明确的天花,窗户也被简化成一种标准设计。使阳光和空气的通过成为可以度量的量。这些环境品质的降低,必将带来一种环境的危机。原来在某种程度能够适应的历史建筑被盲目地改造成另外一种全新的建筑,[13]而现代环境的危机则直接引发了建筑现象学。

3.1.1　场所理论的来源

1. 产生的时代背景

20世纪六七十年代的西方社会,后现代主义思潮异彩纷呈,后现代城市设计显示出开放包容的特性,将社会文化领域和建筑学领域的多种思想和主义源源不断引入其中,促进自身的开放和成熟。挪威建筑师和历史学家诺伯格·舒尔茨的"场所精神"理论就是在这种背景下产生的。

(1)非物质设计的兴起

现代主义发展到后现代时期,伴随着物质文明的高度发展,一种新的设计观也悄然而至——非物质设计。非物质设计理论的确立和设计理念的提出,是当代设计发展的一个重要事件。从物质设计到非物质设计,反映了设计价值和社会存在的一种变迁。即从功能主义的满足需求到商业主义的刺激需求,进而到非物质主义的生态需求(合理需求、人性化需求),在人与物、设计与制造、人与环境以及人们对设计的认识上也发生了一系列变化。

(2)北欧人情化与地方性盛行

北欧的工业化程度与速度没有德国和美国那么高与快,北欧的政治与经济也相对平稳,对建筑设计思想的影响与干扰也较小。此外,北欧的建筑一向都是比较朴素的,因而,他们能够平心静气地使用外来经验并结合自己的具体实际,形成了现代化的具有北欧特点的"人情化"与地方性的建筑。

(3)第二次世界大战后人们对形式上的雷同表示反抗

按诺伯格·舒尔茨的解释,"多元论"是以技术为基础的形式主义,其对形式的基本目的是使房屋与场地获得独特的个性。可见,他们既要讲技术又要讲形式,而在形式上又强调自己的特点与倾向。人们对新技术无条件的信任与表现造成的形式上的雷同表示不满,他们反对雷同,追求个性与特色。[38]

2. 产生的哲学基础

场所理论以建筑现象学为基础,通过考察人们最基本、最本质的日常"生活世界",关注人的行为和体验。通过人的参与,将事物同人们生活中的价值和意义联系在一起,这种方法不像实证哲学中所采用的自然科学分析方法,把经验事实中所包含的人类生存目的、价值和意义排除在外。

诺伯格·舒尔茨对场所理论进行了深刻、透彻的研究,通过一系列论著《建筑的意向》(Intentions in Architecture)、《存在、空间和建筑》(Existance Space and Architecture)、《西方建筑的意义》(Meaning in Western Architecture)以及《场所精神——走向建筑的现象学》(Genius Loci—Toward a Phenomenology of Arhitecture)逐步建立起一种新的建筑理论。他通过建筑赋予人一个"存在的立足点"(Existential foothold)探讨建筑精神上的涵义而非实用上的层面。因此对感知与认同进行探讨,同时强调人不能仅由科学的理解获得一个立足点。人需要"表达生活情景"的艺术作品。因为人的基本需求在于体验其生活情境是富有意义的,艺术作品的目的则在于"保存"并传达意义。

海德格尔在1958年所写的《建筑、定居、思想》(Building Dwelling Thinking)一文中,提出了"定居"的概念及本质,以场所概念打破了狭隘的现代数学性的空间概念。他在文章中所举的场所的例子,不是伟大的建筑,而是乡村的小木屋、农庄小桥流水以及道路等。受海德格尔有关语言和美学上的论著以及"定居"概念的启发,诺伯格·舒尔茨认为,"存在的立足点"和"定居"是同义词,都是指生活发生的空间。一切建筑行为本质上都是以满足人的安居为目的。人要定居下来,就必须在环境中能辨认方向并与环境认同。因此,"定居"不只是"庇护所",其真正意义是生活发生的空间——场所。建筑意味着场所精神的形象化,而建筑师的任务是创造有意义的场所,帮助人定居。

3.1.2 主要研究内容

1. 场所的内涵

场所的产生依赖于两个条件,一是空间,空间是容纳场所活动的必要条件,是产生场所必须的物质基础。二是场所活动,当一个空间单独存在时,我们并不能说这就形成了场所,只有当人类的活动在空间中展开时,空间才具备一定的意义。诺伯格·舒尔茨所指的场所是由具有物质本质、形态、质感及颜色的具体的"物"组成的一个整体。这些"物"的总和决定了一种"环境的特性",亦即场所的本质。一般而言,场所都会具有一种特性或"气氛"。因此场所是定性的、"整体的"现象。他认为,人们不能用分析的手段将整体性的场所简化为所谓的空间关系、功能、结构组织和系统等各种抽象的范畴,因为人们生活的世界是由具体的现象组成的,它包括人、动物、花草、树木、水、街道、住宅、门窗、家具,以及太阳、月亮、星辰、流云、昼与夜、四季与感受,这些都是建筑师应该关心的内容。

场所是具有清晰特性的空间,是由具体现象组成的生活世界。它不仅具有实体空间的形式,更重要的是其蕴含着精神上的意义。特定的地理条件和自然环境同特定的人造环境构成了场所的独特性,这种独特性赋予场所一种总体的特征和气氛,具体体现了场所创造者们的生活方式和存在状况。场所与物理意义上的空间和自然环境有着本质上的不同,它是人们通过与建筑环境的反复作用和复杂联系之后,在记忆和情感中所形成的概念。

构成我们生活世界的具体事务彼此之间都有着复杂的关系。如图 3.2 所示,表现了环境、建筑与人之间的联系。

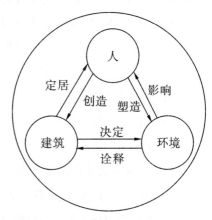

图 3.2　场所的意义模式图

环境由疆土、区域、地景(landscape)、聚落、建筑物逐渐缩小尺度,形成一个系列,影响着人的存在,并决定了建筑的形式与用途;建筑在环境中形成焦点,具有"集结"(gathering)的功能,即使建筑与周围环境成为有机的整体,诠释自然,并帮助人定居;人利用并塑造环境,同时创造出特定的建筑与文化。场所的意义是人作为个体活动的总和,是人类的主要追求目标,它能够帮助人诗意地定居。

2. 场所结构的构成

对历史建筑进行保护性再利用时,需要对其场所结构进行分析,即对场所总体特征进行分析。场所理论中将场所结构以"空间"与"特性"两个概念来进行解释,"空间"指构成一个场所的三向度组织,"特性"一般指"气氛",是任何场所中最丰富的特质。空间组织决定着特性的形成,相同的空间组织,也可能会有非常不同的特性,具体有下述关系。

1)空间:历史建筑与周围环境一起,构成了一种空间形态。空间在建筑理论中被经常谈论,一直试图以具体的、定量的角度界定空间。而场所理论提出,事实上,具体的人类行为并未在一个均质的等向性空间中发生,而是在品质差异性中表现出来,例如"上"及"下"。林奇(K. Lynch)对具体空间结构有更深一层的洞察,可以帮助我们对场所理论的空间概念进行更好地理解。他介绍了"节点"(地标)"路径""边界"和"地区"这些概念,暗示出人在空间中构成方向感的一些元素。[37]

2)特性:所有场所都具有特性,特性是即有世界中基本的模式。历史建筑的特性一方面暗示着一般的综合性气氛(Comprehensive Atmosphere),另一方面是具体的建筑造型,即空间界定元素的本质。在某种意义上,历史建筑场所的特性是时间的函数,因季节、一天的周期、气候,甚至是决定不同状况的光线的因素而有所改变。同时,建筑特性是由建筑材料和建筑造型所决定。因此,从这种观点注视一幢建筑物时,必须考虑它是怎样对环境进行利用与塑造的,它们对于环境特性的塑造具有一定的影响,将在以后的章节予以介绍。

3. 感知与认同

在工业革命之前,人们的生活节奏较为缓慢,在进行建筑营造时,对于人体的基本需求和感知能予以本能的关注。而随着汽车时代的到来,视觉以外的其他几种感知逐渐被忽视了。适宜汽车的空间尺度替代了适宜人的空间尺度;钢筋混凝土以及玻璃和钢的冰冷世界替代了温暖的木构砖瓦建筑;人工的照明及通风替代了自然的阳光雨露。人们漠视了感知与认同的重要性。与此同时,常态的稳定精神也是人类基本的需求。个人的认同性与社会的认同性的发展是一种缓慢的过程,无法在连续的变迁中产生。这也许就是某些现代环境使人们产生疏离感的原因。

大量来自心理学尤其是环境心理学领域的研究,具体探讨了人们认识和理解空间环境的尺度和过程。人们不仅从感官上,而且更重要的是从心灵上认识和理解自身所处的具体空间和特性。人们在周围环境中的心理经历主要表现为感知和认同两个阶段。概括地说,感知就是人们在空间环境中确定自己的位置,建立自身与周围环境的相互关系;认同是在明确认识和理解空间环境特征和气氛的基础上,确定自己的空间归属。

(1)场所与感知

我们之所以能够适应环境是因为能够认识自己周围的事物,包括对环境信息的接收、识别、储存和加工等过程。一般来讲,对环境的接收和识别就是感觉和知觉,心理学上常将感觉和知觉合称为感知,感知是人和环境联系的最基本的机制。例如旅游者初到一个地方,他会注意观察,并与原来类似情景相比较,也就是说对所处环境有一个感觉和感知的过程,即:准备(心理定势)——观察——感觉——选择——比较——感知——印象。

场所理论中同样关注知觉研究,不仅关注视觉,而且涉及听觉、嗅觉、触觉等各种感受问题。这个领域的研究近乎于中国传统空间中的通感。[39]而在斯蒂文·霍尔的新作《视差》中,可以看到他在场所与感知的基础上又有所发展,引入了"身体"的概念,霍尔认为"身体"是所有知觉现象的整体,是人在建筑中定位、感知、认识自身与世界的契机。在霍尔看来,是直觉引导他进入意念建构与现象学手段的融合。光线、质地、细致程度、空间的重叠就构成了一种沉默而自证的意义。

斯蒂文·霍尔的设计思想包括对场所和感知的重视。他认为设计思想和概念是从感受到场所时开始孕育的,在一个将建筑与场所完美结合起来的建筑中,人类可以体会场所意义、自然环境意味、人类生活真实情景和感受。这样人们感受到的"经验"就超越了建筑形式美,从而建筑与场所就现象学地联系在一起。[40]他认为对建筑的亲身感受和具体经验是建筑设计源泉,同时也是建筑最终所要获得的。

(2)认同性与归属感

每个人都需要一种归属感。例如,我们外出参观或工作,无论外地的食住条件如何好,景色多么美,我们依然怀恋自己的家、自己熟悉的街道、常去的公共领域。心理上感到外面的一切是陌生的,是不属于自己的,不能得到认同。只有在某个地方有了较长期的体验之后,才能逐渐改变这种认识。这也许能够解释为什么很多人喜欢住在熟悉的环境里,而画家也总喜好表现自己的故土情结。所有这些,是人的领域感与归属感在起作用。

认同性是一种对环境的深层认识,它使人们产生归属感。应当看到,归属感的产生并不非要以对空间结构的高度熟悉为前提,不过这种缺乏足够定位基础的确认,还不能产生真正和完整意义上的归属感。这是因为,这种深刻的体验只有在感知和认同充分发展的情况下才能获得。当然,在感知与认同的过程中,人们还会不断地修正和补充业已形成的"感觉图式"。通过感知与认同,人们在场所中居住下来。

3.2 场所精神与非物质文化遗产

包括中国在内的许多国家,都把历史建筑保护与利用当作遗产保护的主要形式。然而,对于文化遗产的利用,目前都是集中在物质文化遗产方面,由于物质文化遗产具有不可再生性,又属于文化的物质实体层面,过度改造既不利于历史建筑保护,也不利于历史文化传承。而且,对物质文化遗产内涵的挖掘,应该从创造这种遗产的文化环境和它的创造过程开始,在很大程度上来说,就是非物质文化遗产。非物质文化遗产是物质文化遗产的灵魂和血液。正是因物质文化遗产所具有的深远文化意义、广泛的表现形式和长远的生命力,使其成为一种宝贵的文化资源。对文化资源的利用,如果能从物质资源和非物质资源两方面入手,即从场所精神入手,一定能使历史建筑的内涵更为生动和丰富,同时对文化遗产的保护和传承,也是十分有利的。如云南丽江古城的开发,就不仅限于古建筑保护和维修。开发者以"丽江古城"这块世界遗产金字招牌为特色和主题,在此基础上挖掘出"东巴象形文"和"纳西古乐"等一批珍贵的非物质文化遗产,使古城文化充满生机和活力,增加了景点的可观性和感受力。

"对每一块场地,都有一种理想的用途;对每种用途,都有一块理想的场地"[①]。从某种程度上讲,场所精神是从空间角度探索场所的意义。而非物质文化遗产则依附于人的活动,成为场所精神的主体。作为设计师,只有更倾心地去体验设计场地中隐含的特质,充分揭示场地的物质及非物质文化特点,才能领会真正意义上的场所精神。

---

① 约翰·西蒙兹. 景观设计学. 北京:中国建筑工业出版社. 2000.

历史建筑场所的重生

场所是物质与非物质的统一体,其中包含物质遗产与非物质遗产的建构与气氛的表达,场所精神包含着精神层面的非物质文化,非物质文化是场所精神中的重要组成,它们相辅相成,相互渗透,具有许多相似特征,如动态性、创造性、独特性以及区域性等,但是也存在着一定差别。

3.2.1 场所精神的概念与价值

1. 场所精神的概念

"场所精神"(Genius Loci / Spirit of Space)一词源于拉丁文,它表达了一种古罗马时期的观念:每一个"独立"存在的事物都有自己的守护神(genius)。罗马人认为:在一个自然环境中生存,有赖于人与环境之间在心智与身体两方面都有良好的契合关系。为此,他们必须依靠守护神,以体会和确证他们生活于其中的环境所具有的确定特征,即任何事物都有独特而内在的精神和特性。

人们生活在一定的场所之中,对场所的需求是多方面的,而场所精神能带给人们一种精神满足。在场所精神发展过程中保存了生活的真实性,艺术家和作家都在场所特性里找到了灵感,将日常生活的现象诠释为属于自然和城镇环境的艺术。杜瑞尔曾在书里写道:如果你想慢慢地了解欧洲,尝一尝酒、乳酪和了解各个乡村的特性,你将开始体会到任何文化的重要决定因素最终还是场所精神。[41]正如舒尔茨所说"对场所的需求有不同的特质,以符合不同的文化传统与环境条件"。场所精神是由位置、空间形态和特性的明晰性明显表达出来的。当它们成为人的方向感和认同感的客体时就必须加以保护。他认为,建筑的目的是使其从场址变为场所,即从给定的环境中提示其潜在意义。这种潜在意义应从社会文化、历史事件以及地域条件或人的活动中去寻找。[42]如果要探究场所的精神意义,必须从现实生活以及人的体验与实践下手。这样,精神意义不再是整体和永恒的意义,相反它可能只来自生活的某一片断或某一偶然事件,可能只与场所中的一部分发生关系;也可能是暂时性的、易变的、含糊不清的,场所精神的形成也远非建筑师能左右。在一个变化的世界里,意义也随之而变化,但是,在这样的基础上来创造空间和形式却还是我们的任务。

综上所述,我们可以认为,场所精神的形成就是利用建筑等物质要素赋予场所特质,并使这些特质与人产生亲密关系,充分体现人与建筑和自然之间对话的愿望,并随着社会的发展和人对环境的认识而不断发展的一种场所特质。场所精神是自然环境和人工环境相结合组成的有意义的整体,这个整体以一定的方式聚集了人们生活世界所需要的事物,反映了在某一特定地段中,人们的生活方式及其自身的环境特征。场所精神就是人们具体居住在空间之中的总体气氛。

2. 场所精神的价值

旧的建筑物常常因为"不再适用"而被毁去,但"不适用"的情况又有许多种,有许多是由于观点看法不同而产生的,这时可以和建筑所有者做出完全不同的判断,发现有益的用途来进行改善。以往的建筑师,大都致力于创造出适合一定功能要求的空间,而对已有空间如何利用的问题并不关注。历史建筑保护性利用则从旧民居空间的利用开始,一直到大型纪念碑的灵活运用,区域性、地方性保护开发等,分级分批地探讨这种空间的"重新适用"的可能性。并且保护着对象的形式,积极致力于使之产生适合于使用的新成果,这就是历史建筑再利用的具体内容。

如果过分拘泥于空间旧有形式或现存形式的保护,不可能充分利用它,可能导致这些空间完全废弃。历史建筑在漫长的历史长河之中,不断地置于这种残酷的选择面前,常常不得不接受种种改变才能延续下去。为了使历史空间获取"再利用"的可能,即以保护该空间的形式为目的,也常常必须加以某种改变。与其说是需要,不如说是为了使历史空间增加活力。如果能够在历史建筑不断变化的对象中,发现具有延续性的某种要素,研究它与整个建筑空间或是建筑景观的联系。对于我们来说,也许有一种眼睛看不见的要素在起作用,它就是那些不断变化的空间的同一性和连续性的保障要素。[4]本书借助场所理论中的场所精神来诠释这种要素的特征及作用。

理解场所理论的一个基本目的是为了在历史的发展变化过程中,弥补人们在精神和心灵上的缺失,保持和延续一种场所精神。为此,历史建筑再利用应当是还生活以本来的面目、本来的节奏。有人会说时代变化快,历史建筑没有必要加以利用,如穿旧的衣裳,弃之不惜,事情真是这样吗? 当人们欣喜新技术、新时空感时,在心理上及生理上都感到了某种失落与恐慌。从根本上说,场所精神就是人们对世界和自己存在于世的本真认识的浓缩体现。历史建筑再利用的目的在于延续、发展这种场所精神,一种可以使人洞悉自身生存价值的精神。只有在当代文化的宏观背景下,尊重并延续这种场所精神,历史建筑空间的再生才具有真正意义。

(1)社会情感价值

每个人对于生活环境都有着某种体验,这些体验在人与环境的接触中逐渐融入人的感情,并纳入记忆中,这种记忆称为集体记忆。由同一社会组团的人所共有,在城市一些旧区内,许多历史建筑虽然自身历史价值不是很高,但是反映了城市生活的发展过程,是城市不同发展时期的见证,在居民心中留下很深的历史印记。建筑环境心理学认为,这种集体记忆有助于人们建立归属感和安全感,更好地把握生活环境的特征及文化内涵。集体记忆的物质基础在于生活形态的独特性,这种形态不仅呈现出一种物质空间结构,而且积淀了丰富的社会网络。如果这些记忆被破坏,或者从人们的日常生活中消失,那么人与场所之间的必要联系就会丧失,随之带来的就是基本生活质量的下降。[8]历史建筑的保护和再利用不仅保护了建筑物自身,同时还保护着居住环境的场所精神和社会生活的网络,这远比维护文化传统的物质环境更为重要。

(2) 历史文化价值

场所在历史文化中形成,又随着历史的发展而发展。新的历史条件可能引起场所结构发生变化,但并不意味着场所精神的丧失。一些历史文化名城饱含着场所精神,因而能够使居留者产生心理上的安定感与满足感。"如果事物变化太快了,历史就变得难以定形,因此,人们为了发展自身,发展他们的社会生活,就需要一种相对稳定的场所体系"。

根据场所理论,场所与功能的变化并不矛盾。一方面,任何场所都具有接受"异质"内容的能力,仅能适合一种特殊目的的场所很快就将成为无用的场所;另一方面,一个场所可用多种方式解释,保护和保存场所精神意味着在某种新的历史阶段内将场所和本质具体化。这也就意味着,尊重场所精神并不一定要墨守成规、一成不变。历史建筑再利用不是将场所冻结,而是要找出场所精神的内涵,加以继承,把这种内涵与现代生活结合起来,用新的方式加以阐释。

(3)对环境意义的表达

历史建筑作为一种人为的空间环境,只有当抽象的物化空间转化为有情感的人化空间时,即将"场所精神"视觉化,建筑才能成为真正的建筑。随着城乡更新改造的大规模开展,环境的剧烈变迁和对往昔生活的改换,人们正逐渐失去对原有环境的历史记忆以及对当地传统历史文化的认知环境。因此造成了场所感和邻里关系的消失和历史感的淡薄。可见,历史建筑再利用中对原有场所的尊重以及场所精神的营造,就变得越来越重要。历史建筑与环境互相制约、彼此包容,因而充分表达场所意义,并展现其历史文化价值,成为历史建筑再利用的重要目标和追求。

对大多数历史建筑来说,它们的保护必须与城市空间相结合,必须整合到城市的空间发展中,才能具有生命力,才能真正达到保护的目的。场所分析方法认为,每一个建筑就是一个场所,城市和城镇则由一系列的场所集合而成。每一个场所都应包含两部分,一部分是场所的结构,另一部分是场所的精神,二者是统一的,即任何场所都是场所结构与场所精神,主观与客观的统一体。场所结构意味着空间与特征,而场所精神则有更深的含义。如果说空间和特征与人的感觉有关,那么场所精神则与意义有关,它是场所内涵意义的特征。场所精神与场所的外显形结构应当是一个内在的统一整体。一方面,场所的内涵精神决定了场所的外显形态空间和特征。建筑就是场所精神的具体化,不同的建筑要适合不同的生活方式、行为模式与社会文化价值观,而成为不同的"人类活动所在地",使家、学校、广场以及街道各自具有不同的品格。而另一方面,场所的外显特征设计也在一定程度上影响着场所的精神内涵。因为艺术形式总是为一定的精神活动服务的,如果离开了意义表达,那么一切都流于空谈。可见,塑造场所精神,是建筑与环境意义的共同表达。

3.2.2 非物质文化遗产的概念与特征

1. 非物质文化遗产的概念

如果说物质文化遗产是对文物、建筑、遗址等所有物质类遗产的统称,那么何为"非物质文化遗产"? 其"非物质"到底体现在哪些方面?"与物质文化遗产相比,非物质文化遗产主要是依附个人存在的、身口相传的一种非物质形态的遗产。它们往往以声音、形象和技艺为表现手段,依靠特定民族、特定人的展示而存在。"①宋向光教授认为,"非物质文化遗产是包含着诸多因素的复杂系统","具有系统、过程、依附于人、习得和濒危的特点。"②国际博协中国国家委员会主席、中国博物馆学会理事长张文斌教授将非物质文化遗产的最大特点概括为"不脱离民族特殊的生活生产方式,不脱离具体的民族历史和社会环境,是民族个性、民族审美活动的显现。因此,对一个民族来说,非物质文化遗产乃是本民族基本的识别标志,是维系民族存在发展的动力和源泉。"③非物质文化遗产概念的产生显示了人类对文化遗产的一种全面尊重,标志着人类认识自己的一个

---

① 朱诚如. 文化遗产概念的进化与博物馆的变革[J]. 中国博物馆通讯,2002,(11):80-84.
② 宋向光. 无形文化遗产对中国博物馆工作的影响[C]. 国际博物馆协会亚太地区第七次大会资料《中方主题发言及论文》:58-60.
③ 张文彬. 全球化、无形文化遗产与中国博物馆[J]. 中国博物馆通讯,2002,(11):101-104.

新的阶段,具有重大的现实意义和深远的历史意义。"非物质文化遗产"这一概念的内涵和外延仍在不断探索之中。

2.非物质文化遗产的本质和特征

(1)作为人的行为活动的动态性和传承性

如果说物质文化遗产最显著的特征在于其物化的表现形式,那所谓的非物质文化遗产则隶属人类行为活动的范畴,无论是语言、戏剧,还是传统手工艺制作或民间习俗,它们都需要借助人们的行为活动直接表现。在这些特殊的行为活动中,语言的使用、口头传说的传播是动态的;音乐、舞蹈、戏剧的表演是动态的;同技艺紧密结合在一起的器物制作过程是动态的;民俗习惯的表现也是动态的。这种动态性贯穿于非物质文化遗产的整个存在过程中,赋予它们以活态的特征与生命力,从而与静态形式存在的文物明显区别开来。

非物质文化遗产往往依附于人,传承对非物质文化遗产具有重要的意义,它是一种动态记录历史的方式,因而有人将其称为"活化石"。一旦传承活动终止,非物质文化遗产的动态表现便不复存在,其活化石的功能也宣告消亡。

(2)作为艺术、文化表达形式的创造性和独特性

无论非物质文化遗产作为艺术还是文化形式而存在,它们都体现出人类独特的创造力,最终反映为一定的物质成果或人的具体行为,直接或间接传达出某些思想、观念、意识、情感等精神层面的内容。我们现在所拥有的丰富多样的非物质文化遗产虽然形式内容各异,但它们都有一个共性,即都是不同时代的人们自发地进行的创造活动,并以传承的动态方式延续、累积这种特定创造过程的结果。在各种艺术、文化形式的诞生之初离不开人们的创造,即使是在非物质文化遗产整个的形成、传承过程中,创造性也是赋予古老艺术文化形式以生命力及历史见证价值的重要保证。正如联合国教科文组织的定义,非物质遗产最终可以归结为来自一个文化社区的全部创作,其形形色色的表现形式和内容与人的自发创造活动有着极为亲密的关系。①

(3)作为民族民间文化的群体性和地域性

值得注意的是,虽然非物质文化遗产外延广泛,包括人类创造的多种艺术、文化表达形式,但其内涵所指主要是以群体为创造主体的表达形式,而非单一的个人。这也是不同于像建筑、绘画等强调个人风格的某些艺术形式的显著差异

---

① 联合国教科文组织.保护非物质文化遗产国际公约第一稿[R].联合国教科文组织,2002,(7):3-8.

之所在。非物质文化遗产来自于群体的创作,并在群体生活的地域范围内广泛流传和延续,通过历史的不断传承逐渐形成当地文化传统的一部分。因此,群体和一定意义上的地域共享是非物质文化遗产的本质特征之一。这里的群体为以一定方式聚居的人群,可以小至社区、大至国家,其中尤以民族最为常见。我们有时习惯将非物质文化遗产称为民族民间传统文化,"民族""民间"的限定就是基于对一定群体及地域因素的考虑。

3.3 在历史建筑再利用中的作用与运用模式

历史建筑再利用不同于一般的建筑设计,与新建相比,可供建筑师发挥的余地较小。这是因为原有建筑的结构、风格、周围环境等的制约因素。从这个意义上说,比新建难度更大,需要注意的问题更多。

然而,中国先哲云"一法得道,变法万千",这说明设计的基本哲理("道")是共通的,形式的变化("法")是无穷的。为了更有效地解决历史建筑再利用中的问题,整体性地把握历史建筑中的具体现象,而不是仅仅关注抽象的建筑结构、空间和功能。本书选取场所理论为贯穿研究的主要理论基础和方法,即以之为"道",以历史建筑再利用作为研究对象,重点从场所结构的分析、人的感知与认同出发,以场所精神为标尺和量度,分析与解决历史建筑再利用中的方式的选择("法")问题。

3.3.1 作为其他科学方法的一种补充

自然科学在人们建筑环境的过程中,在确定人们生理需要与环境物理属性相互关系,以及在人们感知环境经历的研究中极其有用,但往往忽略了直接从本质上揭示建筑环境意义的作用。因此迫切需要由场所理论的研究方法来弥补。所以,不少学者一方面运用自然科学方法来考察环境意义,另一方面也自觉或不自觉、间接或直接地运用现象学的分析方法来支持研究发现。

场所理论认为,如果仅仅用自然科学方法对待历史建筑,则容易失去对具体环境特征的分析,而环境特征正是人们具体认同的对象,赋予人们一种生存、立足的感觉。《雅典宪章》的"机能城市"统治城市规划与设计几十年,功能的角度和自然科学的方法成为城市空间发展的指引。科学的原则是对给定的事物进行抽象,从而获得中性客观的知识,而正是在这个过程中失去了日常"生活世界"的丰富多彩和真实性。20 世纪 20 年代现代建筑的先驱们曾主张,新建筑不应该是地方性或区域性的,而应该遵循一些放诸四海皆准的原则。

场所理论则告诉我们,"机能"不是人所共通,放诸四海皆准的,即使是最"近似的"机能,甚至最基本的机能,如睡觉、饮食,都以非常不同的方式发生。相同的需求,在不同的场所,有不同特质,以符合不同的文化传统和环境条件,机能的思路忽略了场所是一个具体的"所在",有特殊的认同性(Identity)。[13] 因此,有些伟大的历史建筑其实并非专业人员科学分析方法的成果,而是非设计者基于生活需求,世代配合自己的需要而得到的产物。另外,需要说明的是,自然科学方法和现象学是可以共同工作并且产生积极成果的。那种在建筑学研究中完全排除科学分析方法的做法显然是不合适的。

作为场所理论道路实践上的另一人,斯蒂文 · 霍尔(Steven Holl)的思想就是强调场所在设计中的决定作用,他认为建筑的场所不是建筑设计概念中的佐料,而是建筑的物理和形而上的基础。[43] 从场所的角度来思考历史建筑的再利用,使我们拓展了视野,并明确了建筑的目的:就是让人能愉快地生活,愉快地感知和体验。从这一点出发,既有助于理解建筑行为本身,也有利于解决历史建筑再利用中的矛盾与困惑。

3.3.2 场所理论的运用模式

场所理论常常被自觉与不自觉地运用到各种各样的建筑设计中,历史建筑再利用是在原有基础上的再设计,因此也需遵循一定的设计规程,我们试图借助"场所精神"帮助确定历史建筑再利用的目标,并以新的场所精神为一定的评价标尺,选择场所的塑造方式。

因为"场所具有一定适应变化的容量",当我们的改造利用没有违背当前建筑应有的场所精神所允许的范围,即在人们所能认同的基础上,建筑及其环境的变化可以使建筑的氛围处于新的场所结构中,保持它的生机与活力。以"空间"和"特性"对场所结构进行分析,空间暗示构成一个场所的元素,是三向度的组织,"特性"一般指的是"气氛",是任何场所中最丰富的特质。空间与特性有着互动关系,空间组织对特性的形成有着一定限制,而特性也在历史中不断地给予空间新的诠释。我们通过一定研究,试图找出理论与实践的结合模式,如图 3.3 所示。这个模式图包括:对原场所结构的特征分析、场所精神的确立、以新场所精神为标尺选择再利用的方式,建立新的场所结构等几个重要环节。可以看出,场所理论在历史建筑再利用中能够发挥一定作用,这个运用模式只是理论的抽象模型,它仍需要在大量实践中进行检验、发展与完善。

历史建筑由于建成年代不同,保存情况不同,其所选用的结构、材料、技术等也不同,新的使用目的也不尽相同,因此,在进行保护性再利用之前,都必须针对原场所结构进行深入调查研究和分析。[44]

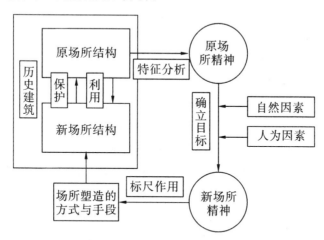

图 3.3 场所理论的运用示意图

3.2.3 场所精神的标尺作用

对待一座历史建筑的保存,如何确定保护与利用的目标,以及选择更佳的保护与利用方式仍然是讨论的焦点。人们不仅使用各种法规,甚至使用国际宪章进行分析与讨论,而且使用抽象的"科学性"建筑理论进行研究。尽管文脉主义、符号学、类型学等相关理论对建筑及其环境的构建指导非常卓著,却仍然难以解决城市历史环境危机,以及由此引发的人们的失落感的产生。

从场所理论的角度看,只要它的场所精神能够不断得到人们认同,那么它仍能保存下来。因为人的认同性是场所认同性的先决条件。因此,充分理解场所结构,确定其场所精神,并以之为标尺,能够作为其他科学方法的有力补充,帮助我们选择历史建筑再利用的方式。当我们进行场所改造时,由于"场所具有一定适应变化的容量",即当改造利用没有超出人们认同的范围时,历史建筑形式发生的一些变化或独特的创意并不会影响场所特性的表达。可见,历史建筑再利用的方式可以在场所精神的目标指引下解决问题,诸如环境气氛营造、结构方式选择、装饰风格处理、综合技术选用,以及材料、颜色、质地、细部的处理等。另外,正如舒尔茨所说,建筑发展史是以文化体验的总合而为人所理解的,文化体验也应该保存下去,并且能够供人"使用"。

研究表明,在历史建筑保护与利用的实践中,以一种定性的、现象的认识是迫切需要的。缺乏这种认识将在实际操作中无从下手。而场所精神的"标尺作用能够提供这样一种具体的、存在的观点来理解历史建筑的保护与利用,因此,本研究较少涉及经济及社会问题。虽然它们也会对场所结构产生一定的影响,但它们不能决定历史建筑存在的首要意义。

场所结构并不是一个固定而永久的状态。一般而言,场所是会变化的,有时甚至非常剧烈。不过这并不意味场所精神一定会改变或丧失。稳定的精神是人类生活的必需条件。舒尔茨等人对布拉格、喀土木、罗马等历史城市的研究表明:场所精神在经过一段长久的岁月,只要人们对这里的历史情境的需求与认同还存在,这座历史城市或历史建筑的场所精神就仍然有可能被保存下来。

然而,在历史变迁中,什么样的场所精神是我们需要加以保护的呢?场所精神是由位置、空间形态和特性的明晰性明显表达出来的。当它们成为人的方向感和认同感的客体时就必须加以保护。很显然,必须加以尊重的是历史建筑的主要结构特质,如房屋类型、营建方法以及具有特性的装饰主题。这些特质往往具有各种诠释能力,而且有时并不影响未来建筑形式上的变迁和独特创意。因为,当主要结构受到尊重,场所中一般性的和谐气氛将不会失去。这种"气氛"不仅能使使用者安于此地,也能使外来者感受到一种特殊的地方性品质。[13]如图3.4所示,显示了利用场所精神的标尺作用,以人们的认同为前提,来确定保护的内容。此外,建筑文化也是不应该沦丧的,以场所精神为标尺,也意味着一种建筑文化的延续。

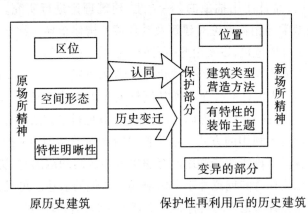

图3.4 历史变迁与场所精神的延续

第**4**章 >>

历史建筑保护性再利用中对自然特征的利用与塑造

自然环境是建筑赖以存在的物质前提,人们是在自然环境中选择居住地点并建造场所的。因此,在人类征服自然、改造自然的过程中,环境既带来了冲突与限制,也带来了和谐与创造,而千变万化的环境特征也必然映射到建筑之上,形成建筑的个性与特色。然而,现代理性主义过分强调建筑科学理性,其作为一种推动力,将我们带到一个具有普遍性的时代。如今,它的价值已渗入到世界的每一角落,使我们处于失去自身特点的边缘,这正是场所精神逐渐从我们身边淡化的一个征兆。

自然场所中的历史建筑直接与土地产生关联,它们的结构往往由这种环境所决定。通过场所理论,我们了解到历史建筑必须解决的是如何"集结"周围环境,即如何与周围环境形成有机的整体,以空间而言是如何集结一片平原、一处山谷、一座山丘或一处海湾[13]。因此这里的历史建筑实际是指一种风土建筑,即农庄、村落等。它们在改造再利用时需要充分考虑原有场所的自然气候特征,考虑场地原有的小气候特征,即地形、地貌、朝向、阳光等,并尽可能地顺应这些条件,减少能源的消耗。既可以强化原有建筑景观,也可以利用高差容纳新增部分,根据地形塑造独特的空间效果。然而,在很多设计中建筑师忽略地形,将场地推平重建,这种做法不仅破坏了场地生态系统,而且设计的地域性也随即消失。所以,历史建筑再利用中对自然生态具体分析非常必要,即充分尊重现有的地形、地貌,通过场地的坡度以及坡向分析,减少对场地的人为破坏。下面主要针对自然环境中历史建筑的保护性再利用,从物质与精神两个层面对场所精神在"再利用"中所具有的标尺作用进行论证。一方面通过分析自然环境中场所物质结构,研究场所对自然环境的顺应与塑造;另一方面通过分析场所精神结构,研究场所对人文特征的利用与塑造。

历史建筑场所的重生

4.1 对场所生态环境的分析与利用

4.1.1 对场所自然生态条件的分析

历史建筑是对自然环境创造性的模仿和借鉴,人们把自己在自然环境中的经历和所体验到的意义"移植"到建筑环境之中,与人们的生活需要组成一个综合的整体。所以,历史建筑在聚集生活及其方式的过程中,也同时集结和浓缩了自然环境的基本质量和属性。

自然环境中存在一系列的环境层次,它们规格不等,特征各异,大到一个山形地貌,小到一棵可以歇凉的树木之下。这些环境层次在特定的天空和地面之间呈现不同的结构和属性。自然环境与人的行为特征不同,衍生出的历史建筑也不同。文丘里在《建筑的复杂性与矛盾性》中谈到,建筑一开始的可能性,经由人的行为所点燃并保存于"新与旧"的建筑作品中。[45]可见,人类与自然元素及其属性的联系是天然而微妙的,但同时又是不可缺少的,一旦这种联系遭到减弱和破坏,人们的生活质量就会受到严重影响。[46]可见,特定的地理条件和自然环境同特定的人造环境构成了场所的独特性,这种独特性赋予场所一种总体的特征和气氛,体现了场所创造者们的生活状况。

自然特征指建筑物的基地本身所具有的地形、地貌及气候特征,如河川、坡地、断崖、日照和降雨状况等。历史建筑本身就是建造在一定自然环境之中的。一方面,建筑的选址、朝向、形式处理等都和自然环境密切相关。另一方面,变化着的自然环境及气候呈现的景象本身就是建筑的重要背景。可见建筑规划设计中对自然生态进行具体分析非常必要。概括来讲,对场地自然生态层面的分析主要包括下述几方面。

1)地形地貌分析。充分尊重现有的地形、地貌,是设计师的基本素养。如果有自然的地形可利用,则对设计大有裨益。很多设计中忽略地形,推平重建的这种做法,不仅破坏了场地的生态系统,而且设计的地域性也随即消失。

2)生态物种分析。场地现状的生态物种是维持场地区域生态环境的重要因素。如地表径流的生态涵养群落,地貌特征的特有动植物群落等,保护并恢复这些生态群落,是我们刻不容缓的职责。

3)地质水文分析。场地现状的地质水文资料也是景观设计的重要条件。

不同的地质条件,决定了不同的自然景观特色,而地下水位的高低、天然泉眼的有无,对于建筑场所的重要性也不言而喻。

4.1.2　对自然特征的利用与塑造

处于自然环境中的历史建筑,往往为了满足现代人的各种需求,而对场地的自然环境进行改造,这就要求建筑师充分理解这里的场所精神。现在我们以窑洞改造以及意大利 Santo Stefano 历史中心的改造再利用为例,分析如何通过对自然特征加以利用、对场所结构进行改造,从而取得良好环境品质的。

黄土高原是一种独特的中国地貌景观类型,其具有的塬、峁、墚、沟等地貌形态,导致了黄土高原上独特的村镇形态与建筑景观类型。黄土高原上以窑洞建筑为主体组成的村镇,或是星罗棋布地隐避在黄土峁、墚之下,或顺着沟坡谷地自然展开,不仅最大限度地与大地形态融为一体,而且根植于大地之中,仿佛从地里生长出来,成为黄土高原独特的聚落景观类型。例如陕北米脂县的冲沟村落的特点,如图 4.1 所示,一般建在不宜耕种、沟坡较陡的阳面,住户比较分散。沿沟坡层层展开的院落形态空间开阔,顺应山形地势。[46]

图 4.1　陕北米脂县的冲沟村落

长期大量形成的传统窑居建筑有着特有的场所精神——一种充分保持自然生态、依附于大地的民居,它没有一般建筑所具有的形体与轮廓,在其艺术特性中表现出来的是黄土的色彩、质感和内部空间构成的巧妙性,具有粗犷、淳朴、淳厚的乡土气息。[47]此外,冬暖夏凉、施工简便、窑顶自然绿化也都是对自然特征的充分利用。

但时,随着城市化进程的加快,黄土高原地区人居环境的现实状况则难如人意,少部分先富起来的中青年人开始"弃窑建房"。形体简单、施工粗糙、品质低下、能耗极高的简易砖混房屋在黄土高原乡村已随处可见,人均能源和资源消耗成倍增长,生产生活污染物和废弃物排放量急剧增大。[46]但传统窑居建筑普遍存在空间形态单一、功能简单、保温性能失衡、自然通风与自然采光不良以及室内空气质量较差等问题。于是决策者们面临一个严峻的挑战,40多万平方公里的黄土高原地区,数亿平方米的窑洞民居将如何发展?黄土高原是资源短缺、自然生态环境极其脆弱的地区,难以承受数千万人按现代城市生活方式使用能源、资源和向自然生态环境中排放各种废弃物和有害物。针对传统窑洞的保护与利用问题,有关建筑课题组通过深入调查与分析,依据绿色建筑、生态建筑和人居环境可持续发展的基本原理为指导,通过大量调查测试、模拟分析优化和设计创作研究,首先对一批窑洞进行了改造再利用,对窑洞内部进行通风、防潮除湿、采光的技术改造,提高了居住质量,改造后的窑洞很好地解决了原来存在的各种弊病。[48]

因此,对历史建筑进行保护性再利用,是对风土建筑的继承与发展。风土建筑中隐含着原生的朴素生态学思想与人们对客观世界最本真的认识,它成为地放建筑营建中所遵循的最基本的原则与规律。随着科学技术的发展,人类驾驭自然的能力得到了空前提高,科学技术帮助人类战胜自然、享用资源。建筑营造体系演变为一个以人为中心,大量消耗自然资源和大量排放废弃污染物为特征的典型"享用浪费型"体系。在我们反思目前发展模式之余,更应该挖掘地方风土建筑中蕴含的朴素的生态原理与各种适用的地域技术,从地域传统的智慧与当前的科学技术中寻找蹊径。[49]

现在再通过国外的一个实例,分析建筑师们是如何对自然环境进行改造与利用,来达到历史建筑再利用的。意大利的Santo Stefano历史中心位于一个滑雪胜地,[50]如图4.2、图4.3所示。历史中心以独特景象为特色,与周围风景相协调。这块场地清晰地显现了封建时期的城市功能结构:塔和城堡位于中央,像屏障般从地面升起;围绕历史中心是一个极佳的圆周型步行通道,几乎全由盖顶遮住,有效地抵挡当地的寒风。

图4.2　Santo Stefano 历史中心　　　　图4.3　城堡中的塔

从场所"空间"和"特性"上看,在自然环境中,当建筑物围合成为一个中心时,对其周围而言,它便具有焦点的作用,以此为中心,空间向四周延伸,主要为水平与垂直的方向。这种集中性、方向性以及建筑物形成的特有韵律构成了场所空间的主要特性。这些特有的区位、空间形态、特性明晰性等逐渐被人们感知和认同后就形成了场所精神。

图 4.4　山谷湖泊的利用(夏季配备垂钓设施,冬季为滑冰场所)

现在,整个区域看上去仍是一片荒凉,但它是重建计划的一部分,规划设想修建一座旅馆设施,作为该区经济发展的一个动力。这一区域对游客有相当的吸引力:古老的城郊、步行路全景,还有各种冬、夏运动设施,如图4.4 所示。这项改建计划也称为保护和完善这一独特环境景观的重要措施。

对这里开展新的利用计划时,仍然以塔楼为中心,并不完全像文脉主义那样,为"填补过去留下的空白"而进行全面修复,而是根据场所精神的定位,有选择性地修复了塔、城堡和圆周步行路。为了配合时代发展需要,有良好的可达性及参与性,规划建设者们设计了一些公共场所,包括村脚的地下停车场,一个穿过岩石直通村庄中心的电梯,一个鸟瞰整个村庄的小广场,形成了一个不连续的系统,它可以引导来访者便捷地穿过村庄,如图4.5 所示。这些新的设计,并没有消解原有历史中心的场所结构,而是加强了中心的作用,空间由中心向四周延展。这样的历史场所由于保护了原有的场所空间与特性,仍然能够得到人们认同,而这里的场所精神也得到了新的诠释。

图 4.5　村脚地下的停车场和穿过岩石的电梯

从这个实例可以看到,自然环境中的历史建筑再利用与周围环境的特征是密切相关的,通过场所特征分析,能够有效地完成对自然环境的利用与改造,使该历史中心与周围环境更加有机地融合。同时,如果能够充分利用与挖掘周围自然环境的特征,并加以利用,制订出相应的发展计划,不仅对历史建筑是一种保护,而且能够繁荣当地经济以及带动文化产业的发展。

4.2　生态环境与人文特征的结合

从某种程度上讲,每一项设计实际上都是在创造一种场所。这个场所除了注重挖掘其自身属性及外在联系外,还应该满足人的使用及生理需求,这样才能使设计更有意义。作为建筑师,只有倾心地去体验设计场地中隐含的特质,充分揭示场地的自然特征或人文特征,才能领会真正意义上的场所精神。

历史建筑不断地演绎发展,对它们的保护与利用应该不仅体现在物质价值上,还应该体现在场所文化的传承与发展上。建筑的文化体验是不应该沦丧的。

大量的历史建筑虽然具有特有的文化价值,给现代人带来特殊的人文感受和历史回忆,但常常由于不具备现代功能而遭废弃。对待这一类历史建筑需要从保护其人文价值入手,利用其特有的自然生态环境,使其在新环境下得到再利用。

4.2.1　与场所人文特征的关系

一切建筑活动,无论历史的、现在的还是未来的都应当被视为一种与人的生存和生命活动直接关联的活动,也是人的最普遍的活动。这样看待建筑活动,并不意味着将那些"显赫""重大"的建筑和建筑事件排斥于视野之外。相反,恰恰是要赋予这些建筑和建筑活动以人的品格和属性,而不是像我们所习惯的那样,仅仅把它们作为一个个孤立的、与我们生活不相干的"建筑"现象。而历史建筑再利用恰恰可以担当起这种关联文化和建构精神的作用,在建筑与人类生活之间建立起根本、内在的联系。同时要使历史建筑真正具有存在意义,就必须首先恢复历史建筑与人类日常生活的真实关联,还人们以真实生活的天地。惟其如此,人们才可能充分认识到历史建筑之于自身生命活动的真正意义,从而也才有可能十分真诚地投入到保护历史建筑的活动中。

将历史建筑再利用作为一种文化生存战略的核心,就是使历史建筑在复原或改造中全面人性化和人文化,即一种场所精神的体现。建筑活动的人文取向在当今社会面临着来自多方面的阻力和障碍,这本身就与人们建筑观念中人文精神和价值理性的淡漠直接相关。在当代建筑活动中，人们往往习惯于用某些外在的非终极价值和目标去取代内在的终极价值和目标。比如我们常常强调，追求建筑的所谓"民族性""地方性""时代性""个性"等，却较少意识到建筑的这些"特性"，归根结底应当产生一种结果，就是建筑的场所精神。这恐怕正是今天大量创作的作品虽运用了各式各样手段，并标榜采用了各种最先进的理论、方法，突出了建筑的各种"特性"，但仍然不能很好地满足人的生存和生活需要，更无法打动人心的原因。

中国建筑文化在当代许多方面都取得了显著的进步和令人鼓舞的成就，但仍然在很大程度上处于被"遮蔽"的状态。这主要是因为我们往往把外在的、本来是作为手段与方法的东西当作了目的，遗忘了建筑文化真正、基本的目标和方向，以及本质、内在的人文价值与尺度——建筑的场所精神，从而导致了目前建筑活动中普遍的本末倒置的追求。在这种追求下，当代建筑日益远离人的日常生活世界，日益放弃其人文价值取向而步入了物化和异化的境地，这无疑是我们所不愿看到的。

同时，伴随着当代建筑活动领域和范围的急剧拓展，建筑活动为了人的生存这一最基本最朴素的特性和目标，被淡化甚至被"遮蔽"；物质的追求和操作替代了生活的信念和理想。对这样的现实，历史建筑再利用强调重归日常生活世界，重新重视和建立日常的交往与思维模式，这对于使建筑重新充满诗意，充满人的情感和生活的意趣具有重要意义。因此，历史建筑再利用便同其他艺术和审美活动一样，也面临着抗拒人性沦落与异化，重铸人的感性生命世界的历史重任。找寻失落的场所精神、塑造应有的场所精神便日益成为其新的主题和方向。在历史建筑再利用中要回归自己的真实目标，避免无意义的思想和行为，就必须首先回归生活世界，立足生活世界。回归生活世界就是回归一个先于科学、先于逻辑的、感性的世界；立足生活世界就是立足一个属人的、真实的世界。因此，建筑回归生活世界，是人的生存与发展的内在要求，是对人类自身生命活动的关注和深入，也是强调建筑场所精神的体现。[51]

4.2.2 生态环境与人文特征的结合

历史建筑的文化价值是其价值的重要内容，也是改建、再利用与新建建筑的重要区别。历史建筑的文化价值与场所精神紧密联系在一起，属于场所精神的重要组成部分。在建筑再利用过程中还需在充分尊重生态环境的基础上,将改建后的建筑与周围环境建立某种联系。[52]这一方法实施的范围非常灵活,而关键在于设计者的再利用观念,对场所生态环境与人文特征的结合常常可以取得出其不意的效果。意大利古代山崖聚居区博物馆工程[53]是在自然环境中充分利用人文特征的典型实例。

马泰拉市对古代山崖居民废弃的两个聚居区做了修复与复原的工程计划,利用作为博物馆就是整个工程的第一项任务,如图4.6所示。博物馆不仅收藏、保存和展示古代山崖居民聚居区的出土文物,从最早期的地下文化层到现代复杂的城市构成层,而且还要将它变成一个促进研究和传播意大利南方历史知识的地方。博物馆以展览馆为主题,沿着展览馆布置会议室、临时展室、实验室、文献资料馆、音像资料馆以及招待服务用房。博物馆的用地面积约为一公顷,整个场地展现出马泰拉的山崖居民聚居区的发展过程。这座建筑物上也混合着中世纪的墙身、塔楼和17世纪建造的小房屋。由于在这里还出土过许多山崖居民进行手工业活动和宗教活动时精心设计的各种器物,因而通过展示古代山崖居民生活和生产的器物,能够使人们想象当年山崖居民整体的生活方式。

图4.6 马泰拉古山岩聚居区博物馆

值得注意的是,在这个环境中,建筑的修复与复原巧妙地与当地的地貌生态特征相结合。聚居区建造在山崖上,建筑师巧妙地在崖边用石块和灰浆砌筑成陡峭的护坡,形成一层层的台地,上面种植着地中海的各种植物,与当地具有文化象征性的山崖民居相结合。这里的山崖民居以及不同时期的手工器物所表达出的场所文化特性与生态地貌一起,共同构成了这里的场所精神,它包含了山崖居民经过许多世纪形成的文化传统。

从以上实例可以看出,建筑师的工作目标不仅仅是塑造空间,更在于感知、发现和创造场所精神,历史建筑再利用的目标在于建筑环境与精神内涵的整体设计,在于现代使用者的需求欲望与场所结构之间寻求最佳的设计方案。

4.2.3 生态环境中的感知与认同

场所的精神结构与场所的物质结构是密切相关的。在建筑现象学中谈到,当人定居下来,一方面置身于空间中,同时也暴露于某种环境特性中。这两种相关的精神更可能称之为"方向感"(Orientation)和"认同感"(Identification)。人要想获得一个存在的立足点,必须要有辨别方向的能力,他必须知道身置何处,而且同时知道他和某个场所是怎样的关系。方向感与认同感是一个整体的概念,人的归属感的产生是这两种功能共同作用的结果。[13]

1. 场所的感知

林奇(K. Lynch)用空间结构上的"节点"(地标)、"路径"和"区域"表示基本的空间结构,是形成人的方向感的客体。而一个好的环境意向能给使用者心理上的安全感。[37]在自然环境中,由于历史建筑的介入,自然环境往往更多地呈现出一种丰富内涵与维度,历史建筑的空间结构则来源于自然结构。

如意大利马泰拉特里卡利科撒拉人住区改造,住区位于马泰拉城市北部边缘。[53]它最初是由中世纪聚落发展而形成的最后一块属地,住区在城市台地下方,与房屋基底有高差。因此,住区只能通过几条升起的坡道与城市的房屋相连通,如图 4.7 所示。在这种环境中,凭借这座高耸的塔楼,建筑就成为一种"地标",重构出人与自然环境相依存的风景以及俯瞰山乡风光的维度。尤为独特的是,设计者的匠心通过总体构思中的 3 种不同的"片断(Phases)"而清楚地表达出来。这 3 种"片断"概括地勾画出整个规划的建筑主题。

图 4.7 意大利马泰拉特里卡利科撒拉人住区改造

历史建筑场所的重生

可以看到,这里的历史场所的发展主要是通过保护场所的空间结构,"节点"(地标)、"路径"和"区域",而它们又构成方向感的基础。方向感是场所精神的一个重要因素。如图4.8、图4.9所示,住区和上方建筑以一种较为合适的"路径"连接,重新修建了一度消失的坡道。住区与下方城墙的连接通过两条步行路来解决,这样沟通了塔楼和该城市中最后一个与世隔绝的街区。这里所采用的手法,非常严格地恢复了城市的历史格局,甚至包括古代遗址中遗留下来的东西。

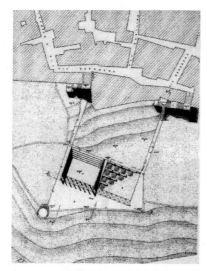

图4.8 特里卡利科撒拉人住区改造总平面图　　图4.9 立面及剖面图

在台地的中段修建了一个架空的平台,平台的一侧是一座小型露天剧场,另一侧是种植橄榄树和石榴树的绿化阶台,供人们在此驻足和休息。经过建筑师的努力,该地区的场所精神被有效地利用与保护起来,并与周围自然环境一起构成了该地区独特的人文风景。

2.场所的认同性

场所理论中强调,环境是一个不仅能够提供方向性的空间结构,还是一个包含了认同感的明确客体,而人类的认同必须以场所的认同为前提。认同感的客体是有具体的环境特质的,即林奇称之为"意向性"(Imageability),表示"动人的结构和环境中非常有用的心智意向,能产生明确认同的形态、颜色或排列"。

生态环境中的历史建筑与周围地景共同构成一种空间形态,形成一种景观意向。对于这样一类历史建筑的修复或重建的争议,我们借助当地人们对场所的认同程度为选择"再利用"方式的依据。例如杭州雷峰塔的重建,杭州的雷峰塔于 1924 年倒塌后,鲁迅先生的一篇檄文将其作为旧有意识形态的象征,再加上诸多因素的困扰,整整 78 年未重建,西湖十景之"雷峰夕照"

图 4.10　"雷峰夕照"旧景

也快从人们记忆中消失了,如图 4.10 所示。直到最近,对雷峰塔地宫的考古发掘引发了对其重建的争议。

对于雷峰塔是否应该重建,文物保护法也很难给出答案。根据《中华人民共和国文物保护法实施细则》(1992 年)第十四条,"纪念建筑物、古建筑等文物已经全部毁损的,不得重新修建;因特殊需要,必须在另地复建或者在原址重建的,应当根据文物保护单位的级别,报原核定公布机关批准。"那么,究竟该不该对其重建呢?

根据场所理论,由于建筑现象的主题是以自然和人为的元素所形成的综合性"场所"。塔、山、湖以及周围的环境一起构成了一个具有具体环境特质的建筑场所,能够使人产生明确认同感。雷峰塔对整个西湖轮廓线的构成,尤其是西湖南线景观的塑造具有重要的地位和作用。然而倒掉以后,这个场所失去了"景观意象"的重要构成元素——"雷峰夕照",意向的塑造将变得非常困难,因而使人感觉到一种"失落"。由于"场所的形成"是由人们通过建筑物赋予它实存的意义,因此,塔的重建是有必要。那么重建的标准和尺度是什么呢?

从历史上看,雷峰塔以其完整的宋塔形象持续了近 600 年。明代以后,雷峰塔外部木檐被毁,仅存残损的砖砌塔身,然而雷峰塔这样一种残缺美在以后的400 年间被人们广为欣赏和认同,没有被重修重建。可见"残塔"并没有影响整个场所带给人们的意义。那么这里重建的根本标尺依然是场所精神——一种情境的认同性。

由于场所精神取决于它的位置、一般空间形态和特性的明晰性。雷峰塔的"存在"清晰地表达出场所的特性,而不完全依赖于塔本身的完整性及形式新

旧。除却对其形式的争论,方案对基地
选址的坚持与对传统建筑遗产保护的新
视点令人折服,利用遗址建成的雷峰塔
除提供对雷峰塔过去的凭吊与追溯外,
还在认知意象上重建了雷峰塔的存
在。[54]而今雷峰塔及其周围环境又呈现
"鼎立夕照山,锦锈还人间"的情境,
如图4.11所示。[55]

4.11 "雷锋夕照"新景

4.3 实证研究一:丰图义仓的保护性再利用

现在以清代仓廪建筑——丰图义仓——的保护性再利用研究为例,丰图义
仓作为历史建筑中的一个特殊类型,得以较完整地保存下来,是可供政治、经济、
历史等多方面研究的宝贵历史实物。以下将总结分析这座历史建筑原场所结构
中存在的自身优势——对周围自然环境的巧妙利用,这也正是我们需要加以保
护与利用的主要方面。

4.3.1 对自然特征的利用

丰图义仓位于陕西关中东部朝邑古镇,修建于清光绪十一年(1885年),建
在黄土台塬之上,其东侧、北侧均为陡壁,高差约25米,如图4.12所示。[46]由于
建造选址时对自然环境特征的充分利用,使丰图义仓的整体格局做到了安全可
靠、经济合理,所以能够沿用至今。

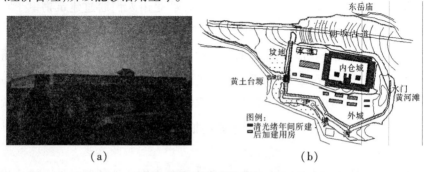

(a)   (b)

图4.12 丰图义仓

(a)外观图;(b)总平面图

据《大荔县志》记载,丰图义仓建在清康熙四十六年所修的朝邑城西塬阶之上,从粮仓的具体座落位置来看,丰图义仓的选址充分利用了自然环境特征,不仅考虑了仓储性质,又兼顾到军事防御,利用自然地势于仓外又筑城壕,正如仓记描述:"金汤巩固,永为邑城屏藩。"其仓址地势高亢,利于防守,也利于在军事上控制全局。归纳其主要有下述特点。

(1)利用自然农业发达之地

丰图义仓所在渭河平原土壤肥沃,物产丰富,是我国古代农业发达地区。但清朝邑城位于崖坂之下,此地正为黄河西岸低地,地形卑湿,黄河大汛时,洪水可直抵城下,河宽达 18 公里。故城仓廒,谷多霉腐,加之崖坂下宽阔的黄河河谷,面积巨大,河西朝邑县河滩,今测算其约为 300 平方公里,可得约 40 万亩耕地,这一地区,旱则大丰,涝则大歉,丰则有余,粮价低贱,歉则成荒,粮价腾贵。丰图义仓正可以作为一个调节库,丰年入,歉年出。

(2)利用高燥之地

因为高亢之地无浅层地下水之危害,更无洪涝之威胁。选址于渭河滩地则不然,地势低下,易泛潮易受洪涝之灾。丰图义仓建在朝邑城西黄土台塬上,地势高燥,排水方便,可防止雨季街衢渊溢之苦。其北有绝壁,东为断崖,进可攻,退可守。便于隐蔽、观测和射击,有利于组织防御。

(3)利用水陆交通便利之地

义仓北临临晋古道,东临黄河,无论水路还是陆路均十分方便,谷物的纳入和调出也不受影响。尽管蒲州、朝邑间的黄河河道数千年来不断东西游荡,但最易渡河的地点恰为河东蒲坂与河西朝坂这个平旷百里的黄河河谷,自唐玄宗开元十二年(724 年)所修蒲津桥,曾被誉为"关西之要冲,河东之辐辏"的晋陕咽喉。这条水路连通着长安达东北的大道。丰图义仓北侧临晋道为关中东出的两条道路系统之一。早在先秦时期,关中交通运输主要依靠这条渭北横贯东西的大道,西起秦国雍都,东抵黄河西岸临晋关,以陆运为主。

(4)利用自然土质坚实之地

建仓也需"相土",即晁错所云"审其土地之宜",考察周围地理环境、自然环境,审视其地质、地貌,了解自然土质是否坚实,是否宜于建设。丰图义仓地处平原与台塬接壤处,台塬拔地而起,由于黄土质地坚硬,塬地与平原几成 90°而不塌,其可谓建仓于不倾之地。[56]

由于清代丰图义仓建筑对自然特征能够较好的选择与利用,使这座仓廪建筑仍然沿用至今。但是目前,黄河老崖数次塌方,已威胁到丰图义仓的建筑安全,塌方的总土方量已接近5 000立方米。历经百年,义仓内城墙局部已裂开缝隙,墙体已有遭严重的风化腐蚀的痕迹,其加固与保护的工作已迫在眉睫。因此对其如何加以有效保护,如何更好地再利用,仍然是我们迫切需要考虑与解决的问题。

4.3.3 保护性再利用的措施

1.保护措施

从丰图义仓的主体建筑来看,保护其城墙墙体的安全与稳固十分必要。丰图义仓整体构造包括梯形截面墙体和拱形结构城门。就受力特征而言,大部分仓城墙体是自立式承受的自重结构,仓城则是典型多跨连拱的空间结构体系。从局部城墙维修发现,各个历史时期对城墙也做过加固和维修工作,所用砌筑材料、砌体结构不完全相同。现在来探讨仓城墙体的保护,①研究如何延缓墙体的衰老期;②设法遏制自然和人为的不利因素对墙体损伤的进一步影响;③对已发生的损伤给予及时有效治理,防止进一步发展和恶化。根据观察,仓城城墙损伤现象有:墙面损伤、墙体裂损、墙体局部松动。其所在台塬崖壁坍塌的原因除自然破坏以外,还有人为破坏。

就上述仓城现状,现在提出几点探讨性建议:

1)对丰图义仓建筑的保护,应立专题,开展深入研究,确保治理的有效性。

2)对人为造成的影响和破坏,有关管理部门应采取措施,加以制止。

3)对一些损坏段需做详细地质勘察工作,了解其地层构造、岩性、水文地质条件以分析基础的稳定性。

4)深入了解城墙砌体内部结构,城门拱砌体填心情况及拱圈构造。

5)对已出现裂损墙段进行力学分析,制定有效的补强措施。

6)对损伤的仓城墙、城门建立长期观测点和观测制度,常握变形、裂损变化规律和了解治理效果,使整个城墙处于受控状态。

7)对城墙砌体材料及胶结材料老化的性能、规律的研究与防治措施。

2. 再利用的措施

丰图义仓作为产业类历史建筑,除了像其他文物一样具有历史的、文化的、情感的和象征性的价值外,同时还具有较强使用价值。20世纪70年代早期,西方学术界和政府机构就明确地将这类历史建筑及其所在地区认定为"历史地段"(Heritage Site),并把一些城市20世纪初的工业区规定为历史遗产。1996年巴塞罗那国际建协(UIA)第19届大会论题之一所提出的城市"模糊地带"(Terrain Vague)就包含了诸如工业、铁路、码头等被废弃地段,指出此类地段需要保护、管理和再生。

丰图义仓及其所处环境,在仓储、建筑、艺术等方面都具有宝贵的再利用价值。可以从两方面分析其再利用的潜质:从社会方面,易于使当地居民与历史建筑之间保持一种和谐关系,恢复乡镇活力;此外,丰图义仓的保护工作也需逐步适应由政策驱动型向效益驱动型的转变。利用现有建筑的基本设施,可免除拆迁、新建、公共设施再投资和土地征收等大量费用;更重要的是丰图义仓建筑的文化意义对于人们也具有潜移默化的作用。对于丰图义仓建筑再利用,最理想的情况还是延续原有建筑用途。这样可以保证建筑最小程度被改造;另外丰图义仓本身蕴含的历史文化以及其周围特有的景观环境,能够对人们产生巨大的吸引力。

黄、渭、洛汇流区是中华文明发源地之一,沿岸古迹繁多,鹳鹊楼、后土祠、普救寺、司马迁墓、长城遗址、禹王庙、梁山千佛洞、丰图义仓、岱祠岑楼、金龙宝塔、长春宫遗址(在朝邑城北寨子)①、猿人遗址、唐铁牛博物馆、潼关古城、西岳庙、玉泉院等。通过在这一地方的

图4.13 岱祠岑楼、金龙宝塔

① 北周保定五年(565年),宇文护筑"长春宫"(在朝邑城北寨子)。隋大业十三年(617年)八月,李渊起兵反隋,西渡黄河,筑朝邑"长春宫"。

考察,我们发现丰图义仓北侧有着人文资源丰富的宋代金龙宝塔、岱祠岑楼,东面是一望无际的黄河滩,其本身所具有的独特的自然特征与人文特征,是我们对其保护与利用的基础与动力。因此,丰图义仓作为粮仓利用的同时,还可以作为旅游资源加以利用。我们建议在充分保护地方生态环境与人文资源的前提下,可以考虑沿河发展文化生态旅游事业,以此带动当地经济发展。

4.4 实证研究二:峨眉山白龙洞景区中场所的利用与塑造

峨眉山位于四川省中南部,青藏高原向四川盆地的过渡地带,其最高峰海拔为3 099米,地质地貌独特,素有"植物王国""地质博物馆"之称。峨眉山作为一个完整的自然生态区域和人文景观胜地,其不仅有机整合了景观、生态、物种和宗教各方面特点,而且还存在一种随各类实体性资源而衍生出的"峨眉文化"。白龙洞景区位于峨眉山低景层,具有雄奇神秀的自然景观和内涵丰富的人文景观。

但是,由于景区内人文遗迹的保护与利用一度有所忽略,历史传说、山岳文化等也已日渐消失,使得景区原有的人文精神变得淡薄。这个状况直接削弱了历史景区的文化感染力,以及人们在遗产地所获得的历史感。

因此,恢复现存山岳文化原生环境,保护场所精神结构是场所构建的迫切任务。在白龙洞景区规划中,有必要对当地各种文化事项进行梳理,发掘其中隐含的文化性格,并将零散的文化形式加以整合,使白龙洞景区与传统朝山道连成文化展示轴,从而通过景区场所建构延续场地的历史,赋予场地固有的精神特质。

4.4.1 对场所特征的利用与塑造

人类生存的地球上,每一块土地都有其内涵特质,这是在自然与人文历史的进程中逐渐形成的。场所特征就是场所更为普遍和具体的意义。一方面,它意味着更为综合、全面、整体的气氛;另一方面是具体、实在的形式和限定空间元素的实质。

1. 对景区自然特征的分析利用

白龙洞景区位于峨眉山海拔1 000米以下的低山区,山势呈一锦屏,以亚热带常绿阔叶林为大背景,融生物景观、地质景观、水体景观以及人文景观为一体,具有清、秀、雅、翠、神等景观特色。景区内峰回路转,溪涧萦回,树木葱茏,是峨眉山"秀甲天下"的精髓地带,清幽的山体景观与秀丽的植物景观以及神奇的气象景观有机融合,具有较高的观赏价值。在景区临近城市、集镇,朝山者常年可至。

白龙洞景区自然环境的多样性,决定了其场所特征的多样性。在景区规划中,充分利用自然特征,尽量避免建设性破坏,并努力营造一个与自然有机、相生的场所。一方面利用景区独特的自然景观和自然生态条件,如溪流、奇石、林丛、古树名木、灵泉古洞形成自然的景观,如七星洞、功德林(见图4.14)、鬼面岩(见图4.15)、白龙池等。

图4.14 功德林

图4.15 鬼面岩

另一方面考虑场地原有的小气候特征,即地形、地貌、朝向、日照、风向等,尽可能地顺应这些条件,利用天然环境,减少资源破坏。如利用地势高差而形成的"飞去峰"及"升仙台"等场景;利用地形地貌塑造的"求师拜仙""绿野仙踪""灵池蛇影"等景观。

整个景区设计依山体走势向上自然展开,白蛇"出世、修炼、成仙"的情境自然转换。景区设计中注重对于自然资源的保护和因借,游客的活动范围被扩大,有限的景区转化为可以步行、驻足、上下观瞻的场景。

2. 人文特征与自然特征的结合

对白龙洞景区人文特征的挖掘利用,也是对其山岳文化内涵和价值的研究利用。据传,白龙洞景区为白蛇修真处,且民间传说其出世、修炼于此,成仙后飞往杭州西湖,才引出了《白蛇传》的优美故事。作为中国四大民间传说之一,一种非物质文化遗产,它的艺术想象被保留了下来。这一艺术构想带着民族记忆,已作为一种文化积淀存在于当地的场所精神结构中。

图4.16 白龙洞

白龙洞又称白龙寺,位于峨眉山海拔高度800米处,如图4.16所示。明嘉靖年间始建,清初重建。寺后原有上下二洞,即金龙寺和白龙寺,原金龙寺早毁。寺右白岩石上曾刻有"白龙洞"三字,传为《白蛇传》中的白莲仙子修真处。过去有上白龙洞和下白龙洞之分,上洞口早被淹没,下洞口已自然封闭。白龙寺作为景区中最显著的人文建筑,它是以宗教为特色的寺庙建筑,分布在前山区游山道附近,依山就势,平面布局灵活。由于中、低山区气候温暖湿润,建筑以坡屋面为主,覆以富有民居特色的小青瓦。白龙寺建筑构成了景区的重要人文景观。

为了挖掘和利用景区人文特征,首先需要对白龙寺进行保护修缮,并对其周边环境进行整治。其次在文化考证方面,根据当地老人的有关回忆,记录以前的景点传说。挖掘即将消失、或不被人重视的山岳文化,如传说来历、寓意等。另外,这些人文特征尚需考古学家、史学家、文学家、民俗学家等的考证和发掘,方可通过规划师对其进行艺术加工,并根据自然条件拓展其文化内涵,促使"峨嵋文化"的复兴和发展。

因此,在景区规划中以传说情节为主线设置场景,随自然山势、地貌巧妙安排,形成一种无形的、连续流动的游览线路。对于有关白蛇传说中的岩洞、奇石、水洼等予以利用和整修,并与白龙寺、水光井亭、受炼石门、银阁及桥梁牌坊等人工景观串缀起来,诠释场地人文特征,显示出传说的总体意境。

4.4.2 场所精神的感知与认同

由于人们在周围环境中的心理经历主要表现为感知和认同两个阶段。感知就是感觉和认知人与空间的关系,认同就是分析和评价环境质量。通过感知与认同,人们与周围环境建立起相应的关系。现在就从人的感知与认同出发,分析景区的精神结构。

1. 感知与环境意象

感知与环境意象有直接的关系。环境意象是指环境出现在人们心目中的形象,是人脑的认知结构和环境形象相互作用的产物。美好的环境意象能使人们从精神上获得一种安全感,这也正是场所的一个根本质量。这种质量表明,人们获得了鲜明生动、结构清晰和极其有用的环境意象,当环境缺乏秩序和特征而难以把握时,环境意象就会因为定位的困难而不易形成,随之出现的是陌生感和失落感。

白龙洞景区以白蛇传说为主线将各场景有序组织起来,建立起一种环境秩序,即形成一种方向感。使游人在欣赏风景的同时,通过感知获取对场所环境的印象,并通过一系列的心理活动(如记忆、想象、思维等)成为理性认识。各个场所环境能使人们联想到传说中的故事,通过人们的想象和思维,人们能够获得鲜明生动的环境意象。这些具有明确特征的空间结构和形象是产生这种意象的根本基础,也是人们获得场所感的重要前提。在先验的认知结构的作用下,形成一个帮助人们进行感知与认同的整体系统。大量的调查研究表明,人们的环境意象往往并不与实际的环境状况相吻合,而只是在总体结构和特征上与实际状况相联系。

2. 认同感

一个场所的演变历程使得场所本身形成其特定历史,一个有意义并能给人带来历史回忆的场所才会获得认同感,从而使这一场所富有精神。白龙洞景区是自然与人为元素形成的综合体,它使场所精神形象化。由于活动与情感的融入而折射出强烈的主体精神,它使自然成为既有环境特色又有感情色彩的人化空间,一种人性化的场所艺术。认同性是一种情感、态度及至认识的移入过程。[13]白龙洞景区场所的空间环境不仅有形成方向感的空间结构,更能让我们由衷地"认同"场所带来的神话般的精神世界。"白蛇"的幻化传说与场地一起形成白龙洞景区的场所精神,是景区环境特征集中和概括化的体现,通过对景区场所的认同,人和场所产生了互动。

白龙洞景区规划的最终目的是要传达给人一种"感觉",也就是表现它的"场所精神",即一种神话场所环境,营造一种清幽、神奇的气氛,并通过人的感知得以体验。景区的场所精神就是人们在景区空间中所感受到的特定结构和特征构成的总体气氛。研究从场所理论角度对峨眉山白龙洞景区规划方案进行解析,以求找到遗产地场所文化传承与生态环境有机、相生的可持续发展之路。

4.4.3 白龙洞景区场所的建构

1.景区场所的建构

场所空间是由中心、区域和方向构成的。中心是根据人的特别目的而构筑的,与人的行为直接发生联系,并取得一定的意义。区域指环境中不同的场所引起人们心理在空间位置上的反应。区域的空间位置、空间形式、环境等因素都影响着区域的特点。

场所的构成以白龙寺(白龙洞)为中心,通过景点的巧妙衔接,建立游赏的空间序列。白蛇出生区、修炼区和成仙区等3个区域先后承接,随传说的故事情节展开,如图4.17所示。白蛇"出世"景区以白龙洞遗址、白龙寺、灵池蛇影、水光井亭等为主要观瞻景点;白蛇"修炼"景区以受炼石门、银阁、求仙拜师、千锤百炼、七星洞等为主要场景;白蛇"成仙"景区则以鬼面岩、白龙池、飞去峰、玄武岩刻、绿野仙踪、升仙台等构成。这些传说场所产生了不同的情节意向,它们不仅是静态的三度空间,也使人们在游赏之中感受、体验场所带来的文化意境。因此景区还带有时间因素,在运动中表现出流动和变化,具有三维空间的可感性,能使人们感觉直接进入到传说中进行审美和体验。

2.景区场所的体验

场所是一种人性化的空间,着重强调的是人的体验和感受,当场所的物质和精神特性被认同后,就形成了这里的场所精神,这种场所精神深刻地影响着人的心理和行为。因此,白龙洞景区不仅要考虑遗产地的保护,更重要的是考虑游人的体验,有序地组织将极大地影响人们在环境中的流动状态和游赏心态。白龙洞景区作为人们全方位体验的对象,给人一种生理和心理的综合感觉,其环境特征直接影响到人的各种感觉,不仅包括视觉,也包括听觉、触觉、嗅觉等多个方面的体验。通过整个身体的存在去感受、接触、聆听场所,与场所产生互动。其视觉体验表现在景区所在中低山一带峰峦叠翠,远可望旭日、云雾、佛光,近可观飞瀑、溪流、丛林;其听觉体验表现在山中的猿啼,溪泉的流淌,林海松涛的吹拂,山谷余音的回响,伴以寺庙殿堂的晨钟、暮鼓和僧尼念唱。景区形影声光交织成鲜明、生动的意境。[57]可见,白龙洞景区的自然与民间文化融合,能够展露出一种诗情画意的场景。

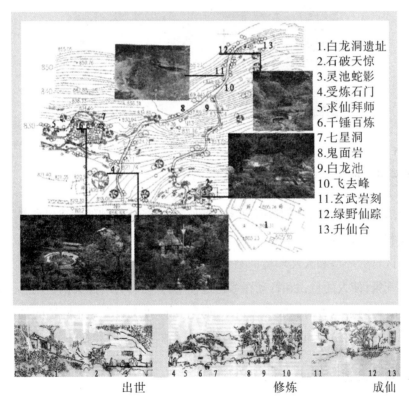

1.白龙洞遗址
2.石破天惊
3.灵池蛇影
4.受炼石门
5.求仙拜师
6.千锤百炼
7.七星洞
8.鬼面岩
9.白龙池
10.飞去峰
11.玄武岩刻
12.绿野仙踪
13.升仙台

出世　　　　　　修炼　　　　　　成仙

图4.17　白龙洞景观分布示意图

　　白龙洞景区场所空间的体验还可以从游客的心理感受中去考虑,人们在游赏过程中,体验场所并寻找新的感觉和传说意象。如图4.18所示,人们在景区中游览时,可以体验处于空间和时间形式中的感受,而建筑师将传说意象物化为游赏场景,并通过意念和形象之间的相似,或者利用人们对于传说当中的记忆而触景生情,成为人们体验空间的感受。景区场所空间的体验实质是人们在运动中去体味和欣赏不断呈现的景观。景区中的空间和景观由规划师有机地组合、承接起来,从而在整体环境效果上产生幽深、神奇的意境。

图 4.18 白龙洞景区鸟瞰图

4.4.4 白龙洞景区场所精神的营造

"建筑师的任务就是创造有意味的场所"。[13]场所精神的营造包含着人的主观感受和理解,是由场所本身同体验它的人之间产生的相互关系所形成的。白龙洞景区自然环境和人文环境的独特性,赋予了场所一种神话传说的气氛。这种总体气氛,使人的意识和行动在参与过程中,获得一种有意义的空间感。如果在一段时期内游览者对它能够保持认同感,这种使人们产生认同感的气氛就构成了景的场所精神,它表达了景区具有自己独特的精神和特性。

1. 场所对文化传说的气氛烘托

场地不是抽象的地点,它是由具体事物组成的整体,事物的集合决定了环境特征和总体气氛。白龙洞景区首先利用环境特征并整合场地的原有特色,对文化传说气氛进行烘托,从而营造景区的场所精神。场所气氛的烘托借助了神话传说中的因素。在这些因素中,蕴含和反映着我们民族的文化心理,包含民族集体无意识的印迹。台湾学者颜元叔曾说过,由于现代人类学研究的发展,神话与民族精神的关系特别受到强调,许多学者认为神话即先民灵魂精神的表征。[58]作为四大民间传说之一的白蛇传故事,并非舶来品,而是在我国深厚的文化传统中孕育而成的。[59]可见,景区山岳文化的表达就显得尤为重要。因此规划将文化传说气氛贯穿其中,从白龙出世、修炼到成仙的 3 个分景区,把重要传说场景强调出来。

场所设计将文化传说中的"蛇"作为场景的创作与联想主体,借以烘托传说气氛。"蛇"作为"中国神话传说中化育人类者"的典型意象,是一种表意之象,一种象征性的形象。设计将其作为一种潜含着理性和情感的心理表象,有机地组合在特定的传说场景中,使其产生审美意象。正像康德所说,审美意象是一种想象力所形成的形象显现。

2. 景区场所精神的创造性和独特性

白龙洞景区场所精神的表现,宏观上是由遗产地的自然特征与人文特征所决定的,但具体到游人细致的主观感受上,则取决于场景的创造性和独特性。景区场所设计,一方面利用传说文化结合自然环境,形成独特的山岳文化,直接或间接传达出某些思想、观念、意识、情感等精神层面的内容。借助光、水、石等自然元素进行造景,如灵池蛇影、绿野仙踪和千锤百炼,利用山道旁的水、石结合传说修景而成。鬼面岩自然天成,岩面峥嵘,与岩崖石刻共同构成成仙区的独特景观;另一方面利用传说资源的独特魅力,并配合现代旅游观赏及发展的需要,创造性地设计出银阁、水光井亭、受炼石门等,形成吸引游客的新亮点。银阁配合游赏而设,供停留、观展之用。造型轻巧、灵动,并选用天然材料、传统工艺;水光井亭以原木为柱、草顶中空,日光投射到亭下石井,水光相接,景象幻妙,取"源泉无淤、涑甘饮芳"之意,如图 4.19 所示。受炼石门选用当地石材构筑,造型古朴,应传说而设计。

白龙洞景区场景丰富各异,它们都是不同时代自发进行创造的结果,并以传承的动态方式延续、累积。景区的场所精神不仅在诞生之初,而且在整个形成、传承过程中都离不开人们的创造,创造性赋予场地以精神,赋予古老文化以生命力及历史见证。正如联合国教科文组织的定义,非物质文化遗产最终可以归结为来自一个文化社区的全部创作,其形形色色的表现形式和内容与人自发地创造活动有着极为紧密的联系。

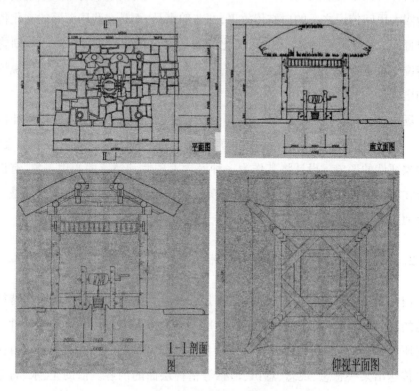

图 4.19 水光井亭平、立、剖面图

第5章 >>

城市建设中场所精神的延续与再生

城市是现代人居住的主要环境,是最主要的人为场所,而建筑是界定城市空间的主要因素,是物化了的城市历史和文化,蕴藏着丰富的文化内涵和精神财富。正如建筑评论家约翰拉斯金所说:"所有的建筑不仅为人类的身体需要服务,而且展示着人类的心灵。"建筑不仅仅是遮风蔽雨之处,也象征性地表现着处于支配地位的精神和道德观念。那些历史建筑使得精神理念固化可见了。对于城市中生活的人们和城市自身发展而言,保护并利用历史建筑具有重要的价值和意义。

历史建筑的保护和利用也是一个综合性的事业,它涉及的范围很广,除文物考古以外,还涉及广泛的科学技术、科学研究和教育事业,特别是和城市建设、文化产业有着密切的相互关系,如果协作配合得当,可以"相得益彰",达到"一举多得"的目的,如果配合得不好,相互的影响也很大。许多国家的城市,不仅有现代文明,而且更以其古老的历史而自豪,巴黎、伦敦、华盛顿、莫斯科、圣彼得堡、维也纳、布达佩斯等都以其珍贵的历史建筑遗产引以为荣。

5.1 对城市场所精神的诠释

城市历史建筑再利用,往往是为了顺应时代需要而进行的改造,改变蕴含在建筑中传统的成分。[60]因此,城市历史建筑是一种造型语言,一种"样式"。通过城镇中"外来的"意义与地方性精神相遇,不断创造出一种更复杂的意义系统,城市的场所精神不只是地方性而已。正如舒尔茨所说:"任何真实的聚落都表现在集结,而其主要的形式是农庄、农业村落、都市住所以及市镇或城市。其中城市的场所性主要由建筑物集结而成,建筑将城市所集结的意义具体化。"城市的"集结"可以理解为依照真实社会的价值观与需求而对地方性精神所做的一种诠释。[13]

5.1.1　城市变迁中的历史建筑再利用

人类历史的每一点进步都仿佛意味着对过去的一种超越。随着时代发展，有些历史建筑的社会物质功能渐渐丧失，无法满足人们生产与生活方式的要求，从而导致原有功能被废弃，随之出现的是被荒弃、破败的建筑景象。历史建筑所面临的变迁，一般而言可归纳为三类：实用变迁、社会变迁和文化变迁，这些变迁都会带来建筑与环境的变化。不断有建筑接受着种种的改变，这些历史建筑不无例外地见证着历史的发展变迁。

历史建筑的保存与城市的发展之间始终存在着似乎难以克服的矛盾。历史建筑作为一种既成事实，是铸就一个城市独特形象的先在前提或先验预设，它的存在，必将影响城市未来的走向。无视历史建筑的存在，甚至视之为障碍而加以清除，不仅切断了城市渐进的文脉，而且必将导致城市建设在战略上的失败。在这种情景之下，对历史建筑的保存，必须在确立其保护的必要性的同时，跳出不是保护原样就是推倒重建的二元对立，而做出再利用的宏观构想。

历史建筑再利用本身是城市发展规划中的重要项目。历史建筑不应只是供人凭吊或瞻仰的历史陈迹，而应该是连接过去、现在和未来的纽带。在这方面，国外的一些历史城市提供了不少可资借鉴的经验，如伦敦国家画廊的改建等。事实证明，这种保护性的再利用，比单纯保护更能达到保护的目的。[61] 以后的历史经验告诉人们，像威尼斯、巴塞罗纳和纽约这样的城市，正是以"混杂"和"无序"使得它们充满活力。从柯林·罗的《拼贴城市》到 R. 库哈斯（R. Koolhaas）的《疯狂纽约》，西方建筑师们早已放弃了"扫除过去"的英雄主义梦想，重新建立起了评判城市生活空间品质的价值标准。如今，城市历史价值的保存、城市空间活力的获得与历史建筑的保护，建立起了日益紧密的联系。历史建筑的再生会营造出新建筑无法获得的空间魅力，而保持这些富有生命力的历史存在，也是当代城市抵抗"场所失落"的重要途径。[62]

5.1.2　城市中场所精神的体验与感知

从根本上来说，对于城市体验总是在人与人之间的交往和人与社会之间的交往中获得的，是对环境和时间的体验，也是一种对场所体验。在那里，任何活动本身都可以是一个目的,而在其中,人们总会感觉到他们所在的地方。在一个自发的活跃市场,人们常有观看别人和被别人观看的体验,正如建筑师迪西所说:"在吸引人的各种元素中,诸如自然风景、人造艺术品以及有影响力的建筑物等,最具强烈吸引力的元素是人。"

对于历史建筑再利用的建筑体验来说,人们的环境经历主要包括两个方面的内容。一个是指人们在历史建筑环境中对世界中诸事物(包括自然的和人造的)质量、属性和意义的体验和感受,另一个着重于人们感知、理解和评价历史空间环境的心理和行为模式。[63]丹麦建筑学者斯汀 · 拉斯姆森于 1959 年写成的《建筑体验》一书中以许多具体生动的实例,[64]论述了人们是如何从对建筑的体验中获得对世界的深入理解,获得生活的乐趣和意义的,揭示了建筑在给予和丰富人们生活经历中的积极作用。他在书中分析了建筑环境元素——包括实体、空间、平面、比例、尺度、质感、色彩、节奏,光线和音响等在视觉、听觉和触觉等方面对人们环境经历的微妙而深刻的影响。在历史建筑再利用研究中,构成建筑环境的基本元素及其属性也同样构成这里的场所精神。通过人们在其中的活动,这些属性具体有力地呈现出来。人们可以充分体验与感知历史环境带来的乐趣与意义。

的确,人们总是希望城市给人的感觉不要太冷漠、太苍白。许多历史城市充满了多样性和复杂性,这些老城市所具备的丰富形态特征,正是现代城市所缺乏的。现代建筑师们将人们的日常生活简单抽象为居住、工作、教育和游憩四大功能。城市建造也往往是简单化的平地起高楼和大规模推倒重建,这种做法破坏了城市的集体记忆和文化认同感。忽视居住环境中社会文化素质的做法是相当危险的,它会极大地冲击已经为人熟悉的场所和相应的行为方式,使原有的社会意识分崩离析,很可能还会导致社会秩序新的混乱和个人行为的越轨失调,最终会造成"社会性贫民窟"的形成。巴西于 1956 年决定在高原上新造一座首都巴西利亚,代替拥挤的老首都里约热内卢,1960 年这座现代化的新城市建成,当时的设计和规划在国际上获得了很高的评价,但到了 20 世纪 80 年代巴西实行双休制的时候,每到周末,巴西利亚的人就像逃避瘟疫一样离开这座城市回到里约热内卢,留下一座空城。巴西利亚的人说:"他们要回到老祖母那里去,在昏暗的灯光下,喝一杯自己研磨的热咖啡。"

由此可见,人是一种有感情的动物需要在环境中体味自己的历史,寻找生活的记忆,抚摸过去的痕迹。没有历史和传统的城市是荒漠,是有感情的人所不能忍受的。这就涉及到人们如何感知并认同城市场所精神。在很多有关城市的观点中,有一点是共通的,那就是评价一座城市的真正价值,并不仅仅在于它的功能构造,还在于人们对它的认同性。

5.1.3　对城市认知意象的延续

我们都曾有这样的经验,在一个陌生的城市中逐渐定向和定位,随后"城市地图"逐渐在意识中形成。人们在城市中通过自己居住的房间、空间、门窗、走廊、楼梯、毗邻的房屋、街道、商店、城市景观等逐渐填充而形成新城市地图。上述各种要素开始时在脑海中巩固程度并不一样,逐渐地各种要素在脑海中沉淀下来,牢固的模式就形成了。城市中的历史建筑不也是这些逐渐沉淀的要素之一吗!它们的存在便提供这样一种桥梁,是记忆的风向标,是脑海中的标志物,是新城市和旧生活联系的纽带。

第二次世界大战后所发展出来的城市设计理论,与历史建筑的再利用不无关系。凯文·林奇(Kevin Linch)的《城市意象》(The Image of City)对战后建筑与城市设计影响极大。书中所强调的最重要的概念是认知意象,是观察者与环境之间双向互动过程的产物。人在城市环境中,对某一地区经过长时间的认识,形成个人心中的意象。而这意象引人沉醉于过去的回忆中,凡是内心里保存着良好的环境意象,就会获得情绪上的安全感。而这良好的环境意象来自于环境的自明性、结构和意义。[65]因此,从城市意象及城市设计的观点来说,历史建筑再利用对于塑造市民的认知意象最为重要。为了保留市民意象,除了重要的纪念物外,与各环境地点的历史、活动象征意义有关的所有历史元素皆应加以重视及维护。

现在利用场所精神解析德国柏林地区两座塔楼的保护性再利用。两者都经历了第二次世界大战被炸损,同样是为了延续城市意向,但却采取了截然不同的再利用方式,一座是位于柏林东部小城科特布斯的钟塔,另一座是位于德国柏林的威尔海姆国王教堂的钟塔。前者采取了完整修复,后者则采取了原状保留,在其两侧重新设计建造了祈祷堂以及钟塔。为什么两座塔楼采取了如此截然不同的保存方式呢?

1. 原样修复——科特布斯古镇的钟楼(Spremberger Turm)

德国科特布斯老城区具有典型的中世纪城市风格,老城中的历史建筑被小心地看护,并加以利用。这座小城的钟塔(建于 1773 年)位于老城广场入口一侧,为一座标志性的建筑,其区位优势明显,吸引并引导着人们进入老城的广场、街道。塔楼特有的区位、体量以及钟、锯齿形的顶端等特征亦成为老城空间有机组成部分,如图 5.1、图 5.2 所示。这里广场的四周的传统建筑与钟塔一起形成明确的边界轮廓和聚合性,并给人以方向感和认同感,构成了这里特有的场所精神。

图 5.1　德国科特布斯钟塔修复后外观　图 5.2　德国科特布斯钟塔平、剖面图

第二次世界大战期间塔楼上部被全部炸毁,使得建筑空间形态以及特性的明晰性都丧失,尽管它的位置没有变化,但我们已经可以明显地感觉到它的场所精神基本丧失了。对于这样一座塔楼,人们不会孤立地看待它,也不会孤立地去感受某一局部空间。而是把它作为城市空间的一个关联部分,从而形成了钟塔从属于老城空间体系的整体场所认知。因此当地政府于 1999 年至 2000 年间采

取了完整修复的办法。科特布斯古镇的钟楼在经过修缮和加固后,恢复了它特有的场所精神,成为小城居民的象征与骄傲。

2. 原状保留——柏林威尔海姆国王纪念教堂(Kaiser Wilhelm Gedachtnis Kirche)

柏林威尔海姆国王纪念教堂如图 5.3 所示,是始建于 1871 年的新罗马风格的教堂,在第二次世界大战中被毁,与教堂钟塔毗连的皇家祈祷堂(Royal Chapel)被夷为平地。1959 年,柏林市政府决定对它进行改建,如图 5.4 所示。

图 5.3　第二次世界大战前柏林威尔海姆国王纪念教堂　　图 5.4　教堂和新建钟塔

现在以场所精神为标尺来分析这座教堂的保存方式。从区位看,它位于城市街心,柏林火车站对面。从空间形态看,旧建筑只留下祭坛部分及其上方被炸掉顶端的尖塔。建筑空间形态失去了一部分,但是从它的特性的明晰性上看,原来的祈祷堂被炸毁以后,教堂尖塔部分的体量显得更加高耸而挺拔,钟楼上的时针永远地固定在被毁的时刻,残存的内部空间如同剖面模型一般暴露在人们的视线下,反而有一种更强的特征性存在,我们认为它的场所精神并没有失去,而是发生了"转换",从某种意义上说反而成了一种"强势"的场所。

旧建筑残存的部分被原封保留下来,作为对战争苦难的见证,其"内部"空间被辟做博物馆,用来陈列战争前后柏林的历史图片。在废墟周围建造了一组形体色彩都很简洁的现代建筑:东面祈祷堂、比例细高的六边形钟塔和近似正方形平面的下沉式入口;西面建造了八边形平面的新祈祷堂及其附属建筑,如图 5.5 所示。[66]

新旧建筑之间是台阶和平台,旧建筑虽然少了部分外墙,但旁边的新建筑赋予它外部空间的围合感,同时丰富了空间的层次。新建筑形体简洁,立面是由尺寸为 0.52 米见方的混凝土框组成的方格网,为旧建筑丰富的形体、色彩和细部提供了匀致的背景,同时不失尺度感。方格中镶嵌着自由分割的蓝、黄、红色小块玻璃,基调为深兰紫色,其手法类似传统教堂的彩色玻璃窗,使祈祷堂内部空间同时具有现代建筑的简洁与传统教堂的神秘感。走入内部,周围没有灯光,只能看到无数蓝色的小方窗,散出神秘而幽暗的光。

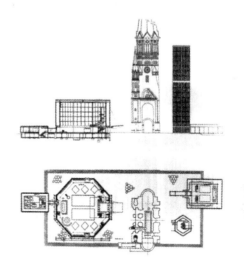

图 5.5　教堂平、立面图

由于其历史见证的意义,以及残缺的旧建筑与新建筑和谐对比所产生的独特视觉效果,改建后的威尔海姆国王纪念教堂成为柏林火车站对面重要的地标,与环境一起成为城市的公共形象,[66] 被市民们称为"记忆教堂"。正如凯文 · 林奇在《城市形象》一书指出:"所有的事物都不能被孤立地体验,而是与它的环境,与导向它的一系列事件以及与过去的记忆相联系的"。[65] 他说:"任何一个城市,似乎都具有一个公共形象,这个公共形象是许多人对该城市所具有的意象的相交(重复)部分。每个人的城市意象都是独特的。这种形象的一部分内容很少或从来没有被沟通、交流过,然而它与特定环境的公共形象很接近。[67]

一般情况下,在建筑更新当中人们首先关注的是新旧形象上的连续性与完整性,这是对城市记忆最直接最表象的认识。历史建筑在历史的沉淀中,形成了特定的认知意象,这些意象已经同其使用者的生活融为一体,并作为该场所的独特意象留存于人的记忆思维当中。那么,当历史建筑由于特定原因而面临更新时,其认知意象的延续就成为一种城市记忆的唤起方式。

5.2　历史建筑场所的塑造方式及手段

尽管许多历史建筑通过保护与利用已经得到有效的保存,但是对于不同历史建筑的利用方式仍是讨论的焦点。建筑所有者、文物部门、政府部门以及各方面专家学者等的意见也常常不统一,历史建筑再利用方式的选择存在多种争议,诸如保持现状、修复、复原、整饰、改造和重建等。那么历史建筑究竟以何种方式存在呢? 即如何应对历史变迁,顺应时代的需求变化呢?

在某种限制下,任何场所都有吸收不同"内容"的"能力"。历史建筑作为特殊场所不能只适合一个特别用途,否则会与我们的生活失去联系。历史建筑常常可以用不同的方式加以保护与利用,从而达到延续其场所精神的目的。但是,对于每个时代和每个社会,应有一个较恰当的方式来展示,这个方式需要以当地人们的认同为基础,这样就能够找到一种再利用的标准与尺度。即以新的场所精神为标尺,充分尊重人的体验与感受,使场所在社会、经济、政治的变化面前,仍能够以一种场所的人类认同继续存在。[13]

一座历史建筑在确定了新的场所精神之后,一般会采取什么方式与手段进行保护性再利用呢? 任何场所都具有接受"异质"内容的能力,一种仅能适合一种特殊目的的场所很快就将成为无用的场所。因此对待这些历史建筑,不仅要重视静态的文物保护,而且要寻求原场所精神与时代精神的结合点。现以场所精神为标尺,归纳历史建筑再利用有以下具体方式。

1)修护与复原(Restoration);

2)建筑空间的扩建(New-Construction);

3)建筑空间的改建(Conversion)。

以上几种方法中大多是交互或合并使用的。维护与修复往往是所有文物及历史建筑保存的首要目标和基础工作,修护历史建筑的内部与外部的原貌,合理改变使用功能是目前较普遍的保存与再利用做法。培根(E. D. Bacon)在他的《城市设计》一书中指出,欧洲城市发展的主要途径是"增建"原则,从他总结的几种增建模式可以看出,增建不是将原有建筑推倒重建,增建更多地体现为改建和扩建,即使新建也表现出在对旧建筑尊重的同时,对旧建筑有所发展。

5.2.1 历史建筑的修复与复原——场所精神的延续

历史建筑复原是指根据确切建筑历史图片、文献资料,在原址以传统材料和手法准确再现历史建筑外观和建造技术的做法。它虽然失去了一定的历史真实性,但在外观和技术上可以相当程度地反映其科学价值和艺术价值。据《关于真实性的奈良文件》(Nala Document on Authenticity)确定的真实性原则:"真实性不应被理解为文化遗产的价值本身,而是我们对文化遗产价值的理解取决于,有关信息来源是否确凿有效。"[20]无论在中国历史上还是现在,修复和复原的主要推动力是其社会价值,或者说是为满足社会成员情感、心理及相关活动的需要,是一种场所精神的延续,而并非刻意要再现历史甚至伪造历史。

1. 整体性修复

在我国,上海历史建筑的商业性成功改造比较多,例如外滩 Bund 18 号楼经过整整两年彻底整修,重新焕发新貌并开始试营业,再度成为今日上海外滩的都市新地标,象征着上海最繁华的黄金年代。① 上海外滩 Bund 18 号楼的修复改造,外观采用原样整修、复原,内部功能改造的做法,如图 5.6、图 5.7 所示。为了延续这座外滩标志性建筑,主设计师 Filippo Gabbiani 谈到:"这座建筑好似一本书,每一个过客都留下了自己的文句。我们不能抹煞过去的章节,因此我们必需尊重过去。"[68]他采用了一种新的修复古建筑的模式,以尊重原有建筑场所精神为原则,所有新的设计理念都建立在与原有风格保持一致的基础上,现代设计的元素与原来建筑的风格自然融合。

图 5.6　上海外滩 Bund 18 号楼修复后外观　　图 5.7　上海外滩 Bund 18 号楼修复后内景

在外观上保持了它的象征性,在内部使用功能上则发生了"转换",以适应今天社会的需求。把一座炫耀财富与尊贵的历史建筑,改造为今天时尚、高品质

---

① 外滩 18 号楼,位于外滩南京路口,原为英国渣打银行驻中国总部,建于 1923 年。自 1955 年渣打银行迁址以来,历经多家不同单位使用。大楼拥有着修复后的古希腊式的大理石柱和优雅高贵的大厅。

的商业用房,新的场所精神延续承继了旧建筑中华丽的精神气质。这样,建筑既保存了历史的真实,又为新的使用者营造了一种情景空间。历史并不能重建,对于现代人只有在这样的情景中才能真切地获得一种场所精神,获得一种文化与地域的归属感。用历史的观点看,现在许多建筑遗产就是对各自更早的历史建筑的复原和重建,是对过去场所精神的延续。

2.非整体性修复

历史建筑如何在不断发展的生活空间里扮演新的角色,在很大程度上依赖于对这些历史遗存的解读。英国建筑师罗杰斯(R. Rogers)说:"我信奉历史保护,但要模仿过去,只能带来整体的贬值。"这句话集中代表了大部分西方建筑师对于历史建筑改造的策略。下面两个实例反映了建筑师对待历史建筑的一种"创造性参与"。并没有对历史建筑进行原样模仿、修复,而是采用新材料、新工艺对其进行灵活的修复与再利用。正如格雷夫斯所说,建筑有两种形式,一种是"标准形式",它只解决在自然条件限制下,人们的基本生活需要,是一种实用性修复;另一种是"诗意的形式",它表现为目的,通过象征手法赋予建筑精神和文化的内涵,属于象征性修复。意大利里沃里城堡的廊楼改建属于前者,乌迪内的姆布罗住宅修复应属后种形式,通过这两种形式的再利用,建筑场所精神得以复兴,似乎新的意义与生命也在以一种全新的方式产生。

（1）实用性修复

意大利博物馆的设计和建造,是和现存意大利历史建筑的修复和再利用紧密关联的。自第二次世界大战结束以来,博物馆主题经常巧合地被植入历史建筑内。这里面有多种原因,其中最主要的是遍布在意大利境内(不仅限于城市里)的已失去原有功能却又被修复须补充用途的历史建筑。由于历史建筑不能支撑当代生活的复杂功能,博物馆项目最符合维持已有空间的需要。在过去的20年里,另外一个主要的原因出现了,这里主要是经济原因,欧共体提供了大量的资金用于修复和再利用意大利国有历史遗迹博物馆。[26]

意大利由里沃里城堡的廊楼改建的当代艺术博物馆,经历了20年的修复,于1998年3月告竣。这个博物馆的修复恢复了建筑的使用功能,它原本是17世纪初建造的一座平面尺寸为长140米、宽7米的画廊,如图5.8、图5.9所示。[54]

 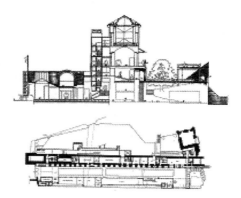

图 5.8　里沃里城堡廊楼艺术博物馆外观　　　图 5.9　博物馆平、剖面图

新修复的部分没有选择原有的材料,也不强求建筑形体的完整性。但是这并没有影响建筑场所精神的延续。因为它保持了原有建筑的空间形态,保留了原建筑的历史特征。对加建部分做了材料的层理化处理,使得加建部分既清晰又可逆。例如,用混凝土、型钢和玻璃建造的楼梯贴附于建筑之外,屋面做法完全采用新的轻钢结构和铜材料,并带有两条采光带,在外观轮廓上则服从老的屋面形式。从空间形态上看,尽管没有对历史建筑进行完整的复原,但它的特性的明晰性依然存在,是一种实用型的修复。在这样一座历史建筑里展示当代的艺术品,它仍然满足了现实社会的需求。由于它的修复手法是可逆的,因此对它的修复与利用也提供了历史建筑再利用的一种途径。这里我们再次读到了意大利的修复态度,即保持原来历史建筑遗存的风貌,但并不放弃使用当代的材料和技术。这里的建筑哲学是避免在历史遗迹的脉络中使用一种模仿的方法来进行新功能植入。

（2）象征性修复

在意大利乌迪内的姆布罗住宅修复中,建筑师尽管使用了新的材料和技术,但却以一种巧妙的方式保护并且诠释了这座老建筑,凸显出其独特的结构形态。姆布罗住宅是位于 Osoppo 塞堡中央的一座颓坏的老建筑,如图 5.10 所示,塞堡现为公园。设计方案包括复原和建造。复原工作为恢复原有的建筑基础和部分后墙,要求保持建筑原有的特征以及修复的迹象。[54]建造工作涉及建筑内部已毁坏的构件,诸如柱、梁和铁屋架等,它们仿佛是这座历史建筑的骨骼,这种形式的存在,是一种空间形态的表达,是场所精神依托的物质结构。

图 5.10　乌迪内的姆布罗住宅修复外观

　　新建筑的结构并不想使这座古老建筑修建一新,而是利用建筑的各个构件
与不同体部的巧妙组合,再沿建筑的长度方向产生出一种新与旧的关联性。如
图 5.11 所示,排列整齐的钢柱、两层的梁架、悬挂的桥板、工字钢的通道、挂板楼
梯以及两根横梁、屋架、橡架和屋面板,这些构件和体部不论在形式上还是结构
上都有它独立的特征,历史建筑以一种象征性的方式表达出其精神与文化内涵。
可见,乌迪内的姆布罗住宅修复创造出一种新的情趣空间形式,赋予了原历史场
所新的场所精神。

图 5.11　乌迪内的姆布罗住宅修复内景

5.2.2　历史建筑改扩建——场所精神的复兴

　　随着时代发展,历史建筑的很多功能已不能满足人们的使用而渐渐衰落,甚
至于废弃。因此,往往需要帮助历史建筑进行功能转换和空间扩建改造,从而复
兴它的场所精神。

历史建筑改扩建通常有局部加建与整体扩建等类型。局部加建是一种小规模的,在历史建筑范围内所做的局部加建,与原有建筑融合在一起,增加的部分是不独立的,是历史建筑不可分割的一部分。扩建(Extension)是指在原有建筑结构基础上或在原有建筑关系密切的空间范围内,对原有建筑功能进行补充或扩展而新建的部分。在这方面,不仅要考虑扩建部分自身的功能和使用要求,还需要处理好扩建部分与原建筑内外空间形态的关系,使其既能符合现代发展,又能延续自身的场所精神。鉴于历史建筑再利用的重要性,国际古迹遗址理事会(ICOMOS)于 1972 年在匈牙利首都布达佩斯召开的 ICOMOS 总会,针对古迹及历史建筑增建、新建的原则提出明确的要求:

1)扩建建筑与历史建筑相配合时,不可伤害原历史建筑的结构安全与美学品质,并审慎处理其体量、尺度、韵律及外部形式。

2)维护纪念物及历史建筑的真实性为最高原则,因而新建部分不可仿冒原历史建筑,以影响原有建筑的审美及历史价值。

3)为文物建筑及历史建筑寻找新的使用功能,使其复苏是容许且值得鼓励的。但这些新的功能,无论在内部及外部,不可伤害历史建筑的结构安全及整体感。[67]

从以上原则可以看出,历史建筑的改扩建是在充分保护历史建筑的物质与精神结构的基础上进行的保护性再利用。下面以两个实例说明如何在尊重场所结构的基础上选择再利用的方式。

1.局部加建

例如柏林国会大厦改建,该大厦建于 1894 年,在第二次世界大战期间被严重破坏。东西德合并后如何处理这幢极具历史价值的建筑变成世人关注的焦点。柏林国会大厦改建,从场所精神上进行了思考和定位,它象征着昔日权利要让位于民主和开放,民主的另一层含义表现在市民可以在穹顶内和穹顶下的夹层大厅俯视下面的议会大厅,它象征着公众的权力高于政客。可见民主的精神成为了柏林大厦成功改造的关键。1999 年 4 月玻璃穹顶首先开放,参观者可以从正入口通过电梯直达屋顶,可以在宽敞的屋顶平台上眺望柏林市容,既可俯瞰四周景色,也可沿螺旋坡道缓缓上升,如图 5.12 所示。[69]

历史建筑场所的重生

该大厦的改建,如图5.13所示,延续与再生了建筑原有的场所精神,一方面恢复了原使用功能,另一方面也为该建筑寻找到新的实用功能。大厦在周末为市民免费开放,体现出一种民主与开放的新精神。正如芦原义信所说,空间环境的意义是一个物体同感觉它的人之间相互关系所形成的环境知觉和认识的研究,该说法提供了人与物质环境相互作用的理论框架,场所就是这个系统的核心。柏林国会大厦的改造充分考虑了人在建筑中的活动与体验,在场所内找到它新的意义。

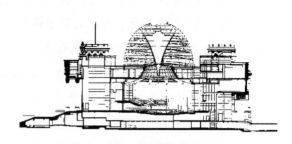

图5.12　柏林国会大厦穹顶内景　　图5.13　柏林国会大厦改建剖面图

2.改扩建的有机结合

历史建筑改建(Conversion)是将内外部空间进行改造,以配合新的使用功能,是一种较为积极而有创意的做法。甚至重新塑造全新的内部空间,而这种手法常给历史建筑再利用带来戏剧性的效果。位于维也纳市郊的4座欧洲最古老的煤气包(煤气蓄气塔),在保持外观的原则上,被改成高层住宅综合体,如图5.14所示。[67]煤气包里面的设备已全被拆除,仅仅留下了砖砌的外墙,它们就像4座工业纪念碑。那么对于这样一个特殊的场所,如何复兴它的场所精神呢?

从它的区位看,随着城市的扩张,以煤气包为中心的地区将成为维也纳的一个新城区,这就为这些废弃的构筑物重新利用带来了契机。从它的建筑空间形态和特性的明晰性上看,煤气包建于19世纪末,用来储存供维也纳使用的天然气。每一个煤气包高60米,其上覆盖着直径65米钢木结构的圆顶,可见其空间特征明显,因此它的外立面被完好地保留下来。而要使它的场所精神得以延续,只有"转换"其内部功能。于是这4个庞然大物的内部被改造成了现代化的居住空间,从高空俯瞰它们形同福建永定的土楼。

根据业主的要求,煤气包新城功能齐备,包括了总面积15 000平方米的公寓及配套的办公区、购物区、多功能礼堂等。其中一个煤气包旁建成了一个巨大的城市娱乐中心,另一个煤气包边上则新建了一栋标志性的盾形高楼,如图5.14(d)所示。配备360套公寓的高楼使新城人气飙升,同时又构成了新旧城市景观的对比,如图5.14(c)~(e)所示。它的新功能,无论在内部及外部都没有伤害到历史建筑的结构安全及整体感。煤气包新城因其独特的外形和完备的功能,成为维也纳市举办各种活动的地方。

(a)   (b)

(c)   (d)   (e)

图5.14 维也纳市郊煤气包改造

(a)煤气包;(b)新建的城市娱乐中心;(c)平面及剖面图;(d)盾形高楼;

(e)新楼与煤气包的交接

由以上实例可知,建筑功能改变,一方面是为适应业主需求,另一方面也使历史建筑得到适应性功能调整。因此,历史建筑的改扩建常常使废弃的建筑得到复兴,同时由此产生的新的场所精神也容易被当地人们所认同,这些建筑经过改造利用后带给人们的"场所感"是新建建筑无法给予的。

5.2.3　历史建筑内外部空间改造——场所精神的再生

建筑内外部空间特征的保留是建筑场所精神得以延续的重要保证。在现代条件下,赋予历史建筑适合的新功能,被认为是保护其建筑形体的基础之一。专家们基本上有着共同的观点,那就是:"对于现有的历史建筑,必须使其具备有用的社会功能。长期保护这些建筑最好的条件是仍保留其当初的功能(居住功能、商贸、社会公共的功能)。如果需要改变历史建筑或建筑群的使用目的,建筑本身应具备适应长期保护的结构条件,并具有一定的建筑美学,使它们仍然是那个时代建筑艺术的代表。"

罗西(Aldo Rossi)在《城市建筑》(The Architecture of the City, 1966)中也提出,城市形态(Urban Form)是城市中各种建筑独特的外在形式,最使人印象深刻,令人感动。因为它们代表个别的历史以及集体的记忆。建筑物的使用,随时代的变迁而变化着,罗西反对功能主义、"形式跟随功能"的理论,他在《城市建筑》中所主张的理论可以归纳为以下两点:

1)城市中各种独特的建筑类型与形式都是珍贵的,值得保护。

2)历史建筑的使用用途可随时代及居民之需求而改变,不需固守其原始的使用功能。

这也是我们在历史建筑再利用中对待外部形象更新问题的基本态度。我们同样应当看到,将新的发展与原有建筑环境相协调与融合的策略,仍然是最受当代建筑师们欢迎的方法,但是其他建立在不同的,甚至是相反的出发点上的策略,如果能够恰当地反映一块场地的特性,体现出它的场所精神,也不失为一个好的诠释历史建筑的方法。下面我们将通过一些改造实例来对历史建筑内外部空间再利用的方式进行总结。

1.内部特征的保留

越来越多的实例表明,改造与再利用的实践可以激活那些废弃的、败落的建筑空间。历史建筑的再利用与"拆除重来"的建筑改造结果完全不同,同时,历史建筑再利用也应以满足人们的认知要求为目标。位于巴黎第 10 区的"大巴黎建筑之家"(en ile · de France, Maison de 'architecture),如图 5.15 所示,历史上曾是一座修道院。这座修道院始建于 1604 年,历史上经历多次修建和扩建。18 世纪时面向花园的建筑立面改成了同时代的风格;19 世纪用作医院,当时为增加病床,在大空间里增加了夹层和木柱;20 世纪曾被建筑学院使用,在室内的墙壁上留下了许多学生自发创作的画。改建工程竞赛中标的建筑师海森(Reichen Bernard)认为,这些

图 5.15　大巴黎建筑之家内景

因素共同构成了它的"不稳定性"特征,而这正是这座历史建筑的魅力所在。

基于这种认识,建筑师在改建设计时形成了一个设计概念——将所有这些历史过程,即建筑的特征性元素,用情节展示的方式真实地展现出来,增加新的使用功能以及新功能所需的建筑构成要素。在进行改建时,建筑师将原场所的特征性元素和当代的要素充分地捏合在一起,使建筑自身的那种"不稳定性"和"特征性"得以强化。负责"巴黎建筑师之家"内部改建的建筑师在三方面突出体现了这种概念。首先把历史上各个建造阶段遗留下来的建筑基本构件予以保留,有 18 世纪的楼梯及扶手,有 19 世纪的木柱及其固定构件。其次,把历史上对建筑使用留下的痕迹予以保留,有选择地保留原建筑学院学生和艺术家们留下的"壁画",保留增建夹层的木柱。最后把现代建筑的空间要素限定在为新用途服务的范围内,[24]并强调它与建筑原来部分在视觉上的对比关系和空间上的融合关系。可见,这种特征性元素的保留也构成了原场所精神延续的一种有力的手段。

2. 外部特征的保留

对于历史建筑来说,室外空间与室内空间同样重要。而不像现代派提出的自内而外地进行设计。一般历史建筑保护都会尽量维系它们旧有的外貌特征,

那么历史建筑的外部形象除了维护与修缮外,就只能固定不变吗?事实上,只要能够延续和增强场所的生命与活力,改造再利用的手法可以多样与灵活。下面两个实例都是大胆地利用新材料进行历史建筑外立面改造,改造后的建筑得到了人们的普遍认同,它们都有一个共同的特点,就是充分尊重和保留了原历史建筑的外部特征性元素,如传统的门、窗和外立面装饰等。

(1)包容式

现代人强调个性的表达,其特征是以时尚的、与众不同的个性去表达自己。他们往往把不同风格、不同材质的元素随意组合在自己身上去表达个性,而不是传统地、刻板地拿统一性来表达自己的身份。当然,这种统一性依然被现代社会所接受,但从这里我们发现现代人的表达方式不再是传统的,表达的意义也不是单一的。这种特点也在现代城市的拼贴化特征和当代建筑发展的某种传媒化特点上有所反映。例如,巴黎的法国文化与传媒部(Minist a re de la Culture et de la Communlcation, Pans)办公楼改造,如图 5.16 所示,办公楼由一幢 1920 年的条型建筑和一幢 1950 年扩建的凹字型办公楼围合成一个街坊。改造方案希望表达文化与传媒部是一个传播文化多样性的公共机构,同时又是一个强大的"整体",而不是原来各自"独立"的形象组合。两幢建筑的主体

图 5.16 法国文化与传媒部外观

部分在改建中都被保留,为了获得良好的室内办公环境,并保持原来的建筑面积,建筑师拆除了 1950 年所建部分西面的侧楼,打开了内院,并加大了保留部分建筑的进深,以维持原来的建筑总量。在对建筑总体布局进行调整的基础上,建筑师开始寻找表达设计概念的方法。

1920 年的建筑立面,在改建中被保留,1950 年的建筑立面则进行了整体的重新设计。把两幢建筑物合成一个统一整体的方法是,用不锈钢材料制成的镂空格栅,对建筑进行整体外"包装"。通过简化、变形,形成和原建筑立面的层高与开间对应的方形或矩形格栅,相互连接在一起脱空安装在建筑立面上。但是,建筑时并没有将建筑立面完全遮罩,而是将屋顶、古典的线脚、圆券窗这些显示

原建筑特征的元素显露在外,形成统一与变化的立面,如图 5.17 所示。不锈钢格栅的图案来自于 19 世纪意大利的艺术作品,之所以用它作为图案元素,是因为建筑师一方面想通过建筑传达文化的多样性,另一方面通过这样的做法,场所特性的明晰性增强,从而延伸出一种具有时代感的场所精神。它不仅具有建筑本身历史和形式

图 5.17 法国文化和传媒部局部

的多样性,还包括其他文化形式,当然这也是文化与传媒部的工作目标。

这组建筑改建后不但凸显出原有的场所特性,同时给人以非常现代的印象,在所处的城市环境中也十分突出,特别是在阳光的照耀下更成为一个视觉的吸引点,可以理解为是一种权力层面上的个性表现。[24]

(2)织补式

文丘里曾经提到,建筑对于都市环境的特性有着决定性的作用,构成一个城市场所的建筑群的特性,经常在历史建筑物特殊的装饰主题中,如特殊形态的窗、门及屋顶。上海新天地广场改造就是利用旧住宅区进行的保护性再利用。这组旧住宅是海派文化的典型代表,其装饰主题有着中西合璧、精工细琢的弄堂口与石库门。开发商并未将其推倒再重建,而是巧妙地将这层非常珍贵的文化外衣保留下来,使得人们可以从这里找到一种归属感和发自心底的亲切感。现在这里已成为上海休闲消费的一个热点。[70]没有"硝烟"的改造轻而易举地造就了一个人气极旺的商业奇迹,其关键就在于它把握住了人们的内在需求,并将原有的文化基础运用得恰到好处。

例如,一座位于意大利波罗尼亚的建筑,原为 19 世纪末建造的邮政局,在建筑师精心复原的基础上,改造成为了一座银行建筑。从建筑形态上看,首先重新展现西立面的漂亮檐口,外立面采用波罗尼亚特有的红砖、清水砌筑,形成了一种传统风格的建筑特色。建筑的主立面朝向艾米利亚大街,由于建造年代早,后来增建的部分较多,所以看起来像一座私家大豪宅。建筑的改造包括更新、重建、复原等多项措施,这些措施主要分为增与减两种方式。

将后期增建的部分改造成玻璃幕墙,恢复建筑最初的精美构造以及与豪华

历史建筑场所的重生

宅邸相匹配的感觉,利用承重的列柱和金属构架以及凹退于外墙面的楼板,在通长的墙面上有韵律地开辟窗口。这些窗口再现了建筑立面的几何构图,恢复窗框的造型和坚固的窗扇。利用凹退的玻璃幕墙,意大利建筑师巧妙地以织补的手法,将原建筑特征性元素与现代的材料、构造融合在一起,创造出一种可以解读的建筑复杂性,如图5.18所示[54]。这里需要说明的是,建筑师大胆的改造源自于对建筑场所精神的尊重,是在"场所容量"允许的范围内,应用了新材料和新技术,建筑的场所特征并没有因此而失去。

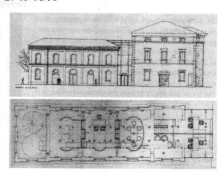

5.18 波罗尼亚银行

(a)波罗尼亚银行建筑外观;(b)波罗尼亚银行建筑平、立面图

此外,历史建筑的再利用往往会改变或调整原有建筑的使用方式,因此,改造的过程首先就是将原有功能从形式中剥离出去。当一种新的功能被重新赋予这一历史形式时,尽管空间的重组是必需的,但新功能与旧形式始终保持着一定的独立性。根据社会需求及商业用途改造为公寓、学校、商店等公共场所。例如,罗马街头历史建筑的保护性再利用,许多历史建筑构成了旅游商业街,人气很旺。老建筑底层多被利用作为商业用房,如图5.19所示,原建筑充满传统装饰韵味的门、窗被原装保留,并装饰出各种各样绚丽的橱窗,销售的商品也琳琅满目。这是一种历史建筑的活用,人们对历史建筑的认同与喜爱,也能提升内部商业的气氛。

通过以上实例分析,我们发现不论是历史建筑功能空间的重新发掘,还是新旧形式元素的对比或调和,它们本质的手段都是一致的,即运用当代建筑语言诠释新的场所精神。从空间的角度来说,以上实例都是用现代的空间观念使新旧功能与空间融为一体;从形式的角度来说,大都是使新与旧从本质上相区别,因为建筑发展的演绎过程不应该是模糊的或被抹煞掉的。

（a）　　　　　　　　　　（b）　　　　　　　　　　（c）

图 5.19　罗马街衔历史建筑改造

（a）罗马老街商业用房；（b）改造后内景；（c）橱窗展示

建筑也有气质、个性和精神等特点，建筑个性的发展导致建筑空间的多样性，同时体现所有者的精神内容，并形成自己的场所精神。建筑除了提供休息、居住等功能以外，还应有值得人驻足观赏、体验的艺术精神，有耐人寻味的意象。愈来愈多的建筑师除了关心建筑的"形式美"外，开始注意通过建筑空间与形式所展现的艺术特色和意义。古人云：精神居形体如火之燃烛矣。场所精神的体现，最终也要借助于形象思维，因为建筑艺术是从有感染力的形象记忆中创造出来的。[71] 所以，历史建筑再利用的实施，要重视对建筑空间及形式的创造性参与，而不应当将建筑师限制在保守的策略中。

5.3　城市历史建筑的利用与塑造

5.3.1　历史建筑再利用带来的场所启示

场所理论对城市历史环境的设计贡献也很大。首先它提示了历史环境的重要价值，在于其包含场所精神，而这与人类文化与社会心理的沉淀有关，这也是人们保护历史环境的原因所在。同时，它也为历史环境的保护设计提供了一种方法论，从各自的环境中揭示其潜在的意义，通过设计手段将场所精神具体化。利用它们进行公众活动可以达到戏剧的效果。近年来，在意大利的维罗纳古城中一座保留完好的古代罗马斗兽场举办的歌剧演唱会，所产生的特殊效果远不是装饰豪华的歌剧院能够带来的。

场所是人们生活的舞台，为行为提供场景。同时，人们在此的环境经历又成

历史建筑场所的重生

为场所新的精神积淀,继而吸引更多行为的发生。相反,行为模式单一或没有行为发生的场所只能成为布景,并将暗示新的行为,正如扬 · 盖尔所说"没有发生活动是由于没有活动发生"。被誉为"欧洲最漂亮的客厅"的威尼斯圣马克广场就是一个典范,广场四周的建筑最早的建于 10 世纪初期,最晚的直到文艺复兴晚期,时间跨度长达几个世纪。由于结合历史现状逐步进行改建,既保存了优秀历史遗产,又不断进行新的创造,并注重运用不同空间的互选及视觉上的相似性和对比性,达到了形体环境和谐统一的艺术高峰,成为世界上最精致的广场之一,如图 5.20 所示。它的成功告诉我们,不论时间怎样长久,设计者怎样变换,只要遵循共同的设计原则,终究会创造出具有场所精神的城市空间。

图 5.20   威尼斯圣马克广场四周的建筑

位于罗马的西班牙大台阶,它是洛可可时期的产物,这个广场和周围的建筑关系密切,它巧妙地解决了城市两个高差巨大的地形,又形成了吸引人的空间环境,如图 5.21 所示。这里是人们日常生活的必经之地,同时又是居民喜欢停留的地方。情侣在这里约会,孩子在这里嬉戏,游人在这里互相观望。另外一个让这里产生吸引力的原因是,美国的经典影片《罗马假日》取景与此,许多令人难忘的场景都在此上演,浪漫爱情故事更增添了人们对这里的文化认同。

图 5.21   西班牙大台阶及其周围建筑

西安市钟鼓楼广场改造也是充分利用历史建筑的一项综合性城市设计项目,其宗旨是将古迹保护和老城更新有机结合,更好地创造城市环境。20 世纪 90 年代初西安市城中心的钟鼓楼广场进行改造,西安钟楼是我国古代存留下来最完整的钟楼,与它对望的则是建于明代的鼓楼,晨钟暮鼓遥相呼应,成为老城的象征。[①] 从城市来说,这个地方很需要一个为市民服务的广场。但是在 20 世纪 80 年代,在钟楼鼓楼之间有一大片危房区,规划部门决定拆迁后在钟鼓楼之间建一个广场,所建的广场必须能够凸显出钟鼓楼的空间形态。因此,张锦秋大师提出:"搞地下空间开发,突出标志性建筑,延续古城文化带。"建成后的钟鼓楼广场,被西安人亲切地称为"城市客厅"。在这里,不仅保留了晨钟暮鼓的城市空间形态,广场下还形成了一个高档商业区。同时,由于地下空间的经营,又使得原来拥挤在破旧平房中的西安老字号焕然一新,如图 5.22 所示。[72]

图 5.22　西安市钟鼓楼广场改造

为了不对钟鼓楼的视线通廊有所遮蔽,广场上没有种植高大的乔木,其平面的构图形式与西安城市自古保留的经纬棋盘式的城市肌理相呼应。广场周边新建建筑单体谦逊得体,考虑到限高,体量都尽可能地向地下发展,保证钟楼和鼓楼之间的视线通透;建筑外观色彩以石材天然的灰色为主,与古建筑相协调;直棂门窗、瓦屋面和马头墙也是中国建筑的传统风格。同时,广场上一组玻璃采光顶又体现出现代城市广场的精神,体现出传统与现代共生共存的理念。

可见,从整体上考虑场所精神(Consult the Spirit of the Place Inall)已经成为历史建筑再利用实践中的原则。人们相信认识场所,尊重场所的特征,才能谈得

---

① 广场工程于 1995 年 11 月动工,1998 年竣工后对市民开放。建成的广场东西长 270 米,南北宽 95 米,占地 2.08 平方公顷。工程包括地面绿化广场及其地下两层购物中心,面积达 31 400 平方米,包含作为购物中心入口的下沉广场以及下沉式的步行商业街。

上在场地的现实中寻找改造场所的道路。正如丹尼尔·贝尔所说:"通往上帝之城的阶梯不是由信仰铸成,而是经验的铺垫。"

事实上,我们对环境的需要不仅是结构良好,而且还应充满诗意和象征性。它应该涉及个体及其复杂的社会,涉及他们的理想和传统,涉及城市中复杂的功能和运动。清晰的结构和生动的个性将是发展强烈象征符号的第一步。在一个突出的、组织精良的场所,城市为聚集和组织这些意义提供了场地,并使人们产生强烈的场所感。这种场所感本身将增强在那里发生的每一项人类活动,并激发人们记忆痕迹的沉淀。[37]

5.3.2　历史建筑再利用中的场所与活动

在城市中,有人这样描述:"城市的居民喜欢去哪儿? 不是那些让他们感到恐怖的、拥挤的道路或面对体量巨大的建筑空白墙面;不是那些从这边到那边需经历漫长的步行、等待或烦人的攀爬的地方;不是炎热或寒冷的铺装空旷地;不是令人乏味而无所事事的地方。人们宁愿居住于或穿过舒适、有趣和令人欢愉的道路和空间。他们喜欢步行于时窄时宽的蜿蜒小路,喜欢那些颇具魅力的狭小角落和通道,可休憩、可谈天、可观望的空间。"

在历史建筑再利用中,历史建筑环境的质量也是通过人们在其中的活动展现出来的,它们不仅有赖于历史建筑本身的属性以及环境之间的相互关系,而且取决于它们在人们生活经历中的作用和意义。作为人们的生活世界,建筑场所是由人、环境和历史建筑组成的整体,这3种元素的相互作用与联系产生了建筑场所的基本质量。

在城市公共空间里不但提供了最基本的城市功能——人们交往、会面的机会,同时也提供和包含着各种各样其他的功能以及与城市生活相关的活动。这些活动会很自然地被组织起来,如图5.23所示,勃兰登堡(Brandenburger Tor)位于德国柏林的菩提树大街,200年来风雨的侵袭已使原本乳白色的花岗岩呈灰褐色,是德意志兴衰的见证。围绕它经常有许多商业及文艺活动,如自由市场,以及每逢节假日的一些自发性质的活动如约会、散步、聚会、娱乐和表演等,如图5.24所示,有传统的各种工艺品销售,也有各种文艺活动的演出、街头艺人的表演,同时也具有一些现代游乐设施。时尚与历史在这里碰撞,使当地的人们在这里寻找到一种归宿感,一种特有的城市场所气氛。因此,在研究历史建筑再利用时,要首先根据城市的主导使用价值来研究一个历史建筑的形态及其使用。我们仔细考察一下古代城市遗迹,它的形态和空间,只有当我们将它与当时所具有的用途联系在一起时,才能理解它具有的意义。

图 5.23　德国勃兰登堡门

历史建筑场所增强了文化艺术的感染力,而这类文化活动又为历史建筑带来新的价值。这也许是过去场所精神在今天的延续与复活,更重要的是人们在场所中的活动,不断为这里注入新的活力与生命。

图 5.24　勃兰登堡门周围的各种活动

5.4　实证研究:如皋东大街历史街区市井文化的复兴

如皋古城东大街,是城中仅存的较完整的历史街区,具有清末民初传统街区的风貌特征。在水运发达的时代,是城内主要的商业街,其和谐的环境、宜人的尺度和充满了浓郁市井文化气息的生活方式,蕴含着它固有的场所精神。

建筑是场所的创造者,它使人们的生活形式和意义以更为明确有力的形式显现出来。场所聚集的意义构成了场所精神[45]。如皋古城东大街的场所精神是由其固有的建筑形式及历史上的经济活动、传统的生产生活方式形成的特有的市井①文化氛围。只有对如皋古城东大街的场所精神进行挖掘与复兴,才能更好地继承与发扬地方的历史文化。下面拟从如皋古城东大街的现状入手,建议通过保护其建筑遗构,整合场所环境,并使传统商业与现代商业有机结合,回归当地民众对该区域的认同性,使当地特有的市井文化在历史中发展。

5.4.1　场所现状及街区结构分析

如皋地处长江三角洲江海平原,民国《如皋县志》称:"如皋襟江带海,地旷土平,饶鱼盐,利农桑,昔为淮南冲要之区。"其城池建筑,明嘉靖初筑城门6座,周以玉带河环绕。嘉靖三十三年扩筑新城御倭,外凿濠河。1951年拆城墙辟环城路,遗存东水关和内外双城河,如图5.25所示。清末民初,城内有11街83巷,江西,安徽,山西等地商人常至此经营木材、瓷器、茶叶、旱烟等业,东大街毗邻内河,地理位置优越,已具规模。[73]

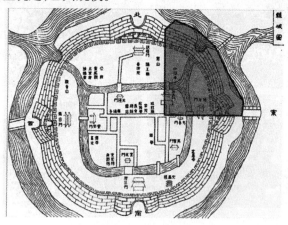

图5.25　如皋东大街历史街区区位图

① "市井"原指城中之市,最早出现于春秋时期,国语齐语中曾记载,"处商,就市井". 国语. 上海:上海古籍出版社,1978.

古城东大街所在历史街区占地面积为 9.6 公顷,位于如皋古城的东北角,内城河蜿蜒其中,如泰运河傍其北而过。在水运发达的时期尤其是清代,东大街是如皋城内主要的商业街。街区内现存有一定数量和规模的公共建筑、私家园林及风貌相对完整的传统居民区。古城东大街现长 430 米,宽 2 米左右,大量建筑为砖木结构的青砖瓦房,密度较高,如图 5.26 所示。路心铺麻面石板,两侧建筑为木板门店面,如图 5.27 所示。

5.26 如皋东大街片区现状 　　　　　　5.27 如皋东大街街巷

1. 现状特性

通过在如皋东大街走访调查得知,原东大街内经营品种繁多的老字号店铺有徐大昌酱油店、曹松记绸缎庄、邵海峰面粉店、冯永昌绸缎庄、郜家巷的肉店公所、国药公会等。其中如皋南货业"四大家"之一的德恒昌老店,创始于清咸丰五年,号称百年老店。尤其自设烛淘作坊,生产双盖红烛,商店外貌均为石库大门。现东大街的住户大多为老街经营户的后代。由于地方经济的衰退,昔日的院落被分割成多户百姓的住所,临时搭建的各种构筑物,破坏了原有建筑群的空间,居住空间变得混乱和狭小,如图 5.28 所示。究其现状主要有以下几点:①东大街整体破损失修严重;②商业街的经济活动已基本不存在,主要为居住区,使用功能单一;③生活基础设施不完善,居民生活质量难以得到改善,没有独立的厕所和浴室。

2. 场所结构分析

(1)场所物质结构

历史街区的场所结构反映的是建筑形态、空间布局与人们的日常活动、生活

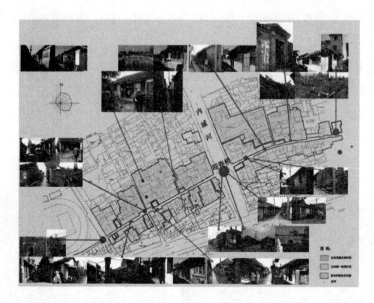

图 5.28　如皋东大街片区现状调查

方式与场所之间的关系。街区场所物质结构表现在建筑及其环境上,纵横交错的街巷体系与内外城河形成特有的河巷空间,以及适宜人交往沟通的尺度。线性的街道相互交错,形成街区的骨架。东大街北侧多为五进院落,南侧多为三进院落,各建筑单体又按一定的秩序组合成院落,这种空间组合体现了极强的秩序性。建筑群体有着特有的规划结构,其院落朝向与形式与东大街及内外城市路网相配合。

　　街区中的院落结构,为纵向多进深式。宅院沿街道两侧布置,宅门争取面街。宅院划分多以 10 米左右的三开间面宽居多,院中的建筑又按一定的秩序组合成序列空间。街区中居民大都将沿街房屋作为商业经营用房,其后院作为作坊或居住用房;下层为经营门面上层为居室。基本为前店后居、下店上居,这些建筑物与环境一起共同构成了街区场所的物质结构。

　　(2)场所精神结构

　　从文化要素上看,历史上逐渐形成的特有的市井文化①,以及结合商业经营特点的生活方式,在民众意识中具有很强的认同感。街区居民生活室外化,如在

――――――――――

　　① 市井文化是由市井之民创造并体现他们的生产生活方式、伦理观念、审美情趣及价值取向等特征的文化。

屋外洗漱,甚至支起炉灶做饭,每到中午,街巷内炊烟袅袅,别有一番生活情趣。这种真实的生活感就是共同的传统文化意识,形成这里场所的精神结构。因此,对于改造再利用的方向,我们强调公众参与调查的方法,通过当地居民的走访,我们了解到居民主要有三方面愿望:①长期在此居住,整治后回迁;②改善住房环境;③恢复街区原有河巷风貌,以修缮整治为主,不要大拆大建。

5.4.2 历史变迁与市井文化缺失的关系

东大街带给人们对过去生活追忆的同时,也带来了基本生存的困惑。由于时代的发展,社会的变迁,商业经济活动的转变导致老街失去以往的活力。东大街历史街区的场所精神,是在老城的社会、经济、文化和生活方式等综合作用下逐渐形成的。社会演变、经济发展、技术革新等都是引起场所精神改变或缺失的因素。

从社会演变来看,一切社会变迁的终极原因,应当到生产方式和交换方式的变化中去寻找。生产方式在整个社会生活中居于支配性地位,对社会的存在与发展起着决定性作用。[74] 由于如皋东大街旧时商号多为购销、生产一体,各自有其独特产品。1938 年日军侵占如皋,商店被毁 100 余家,加之新生、张黄两港淤塞,货源不畅,各大商号纷纷倒闭、外迁。1956 年对私有商业改造及 1964 年公私合营上升国营,如皋原有的私人小作坊生产纷纷转变为国有或民营的企业,东大街原有的前店后宅式家庭生产模式也彻底瓦解。

从经济驱动力看,从"前工业社会"到"后工业社会"城镇空间表象背后的根本动力因素是经济发展。换言之,经济发展所处的历史阶段决定了城镇的空间结构及其生活内容。如皋的社会产业结构也由于在近代不适应经济发展的结构调整而逐渐衰落,传统的商业文化也随之消失。

再从新技术发展上看,汽车时代的小城镇有着更大的尺度空间和更复杂的形态布局。在著名的罗斯托(W. W. Rostow)"经济发展阶段"划分中讲道,传统社会的小城镇基本上不存在科学技术,人们主要依靠手工业劳动,小城镇成为农业社会的中心。而在现代社会中,工业革命、信息产业等发展改变了人们的时空观念,居住和工作在区位上的分离已成为可能[75]。由于城市发展,如皋老城已不能满足时代要求。1995 年旧城改造的浪潮将千年老城拆毁过半。近年来如皋以老城为中心,向四周发展新区,全城已形成外二城河、三环路的格局,东大街南侧的城市道路也不断拓宽,传统街巷的范围正在逐渐缩小。场所空间形态的改变必将影响其原有的场所精神。在新科技给人们带来欣喜的同时,传统文化意识在人们措不及防的情况下丢失了。

5.4.3 复兴市井文化的地方潜力与解决策略

1.复兴市井文化的地方潜力

新的历史条件所引起的环境变化,是否意味着场所精神的必然改变呢?答案是否定的。许多事实表明,场所发展的根本意义在于充实场所的结构和复兴场所的精神。我们可以从西安钟鼓楼、回民街改造中获得启发。这些地区周边建筑大多为新建,但由于保留和延续了回民街的市井、商业文化氛围,市民们仍然将它认同为具有重要历史意义的场所,作为城市重要象征向外国朋友推荐。

对于如皋东大街来说,人们可以利用原有街区场所特质和传统空间,寻找地方的发展潜力,并创造出有生命力的现代城市生活。

如皋东大街历史街区具有亲切的河巷空间和传统的民居建筑。其街区原有的场所特质可归纳为以下三点:①和谐的环境——街区东临外濠河,内城河穿越其中。双环城河河水清洌、河上古老的拱桥、岸旁青灰色砖瓦民居建筑形成特有的河巷空间和传统商业聚居区,如图5.29所示。②宜人的尺度——街巷的宽度在2米左右,尺度亲切,与道路两侧房屋协调一致。其街巷体系、民居建筑、商业街巷空间均给人以亲切宜人的感受。③浓郁的市井文化气息——以内城河上的迎春桥为中心,两侧街内店铺毗连、百货纷呈,还布列有东皋茶楼、读艺斋、状元坊、药王庙等公众场所,可见曾有的商业繁荣。

东大街中带有浓郁生活气息的传统生活方式与古朴的空间环境,共同编织着该地区的场所精神。幽远深长的青砖墁铺巷道(见图5.30)两侧古朴的砖木房屋、精美的木隔扇窗(见图5.31)砖雕雀替及门楣(见图5.32)花木繁茂的天井院落、大水缸、旧门墩以及墁砖铺地挂满青苔的井台等。其中秀女巷位于东大街迎春桥西侧,现长130米,宽1.5米,路面由青砖侧砌,呈鲫鱼背形,巷中善刺绣、贴绒、灯扎,以及工琴棋书画者颇多,因其窄小,遮阳串风,夏日女子常坐巷内做女红,故又称女儿巷。这些似曾相识的生活场景,似乎述说着祖辈生活在这里的故事。这些带有历史印迹的场所是时间的沉淀。场所精神除了注重物质层次的属性外,还特别强调"较难触知体验的文化联系,以及人类在漫长时间跨度内,因使用它而使之赋有的某种环境氛围"。

图 5.29　东大街的河巷空间　　　　图 5.30　秀女巷

图 5.31　木隔扇窗　　　　图 5.32　东大街民居窗楣上的砖雕

此外,在如皋老城东大街附近,名胜古迹较为集中。水绘园、定慧寺、文庙大成殿、灵威观、水城门、中山钟楼及古街巷、古石桥、古盆景等均在此区,[76] 东大街也可利用私家名园——水绘园的带动效应,结合古园地块的恢复,复兴整个东大街的商业及居住场所,进而盘活老街生活。

2.复兴市井文化的解决策略

"场所"是空间的具体化,包含了人在其间所从事的各种活动。建筑空间如果离开了人的使用,就像干涸的河床了无生气。复兴如皋东大街的"场所精神"就是要把街巷特征与当地人们的社会活动与心理要求统一起来,需要振兴东大街商业经济,恢复街巷活力,挖掘其居住与工作相融共生的特质。正如 1976 年联合国教科文组织通过的《内罗毕宪章》所指出:"在保护和修缮的同时,应采取

历史建筑场所的重生

恢复生命力的行动。即在建立新的商业和手工业同时,保持已有的旧商业及手工业的合适功能,为了这些功能长期存在下去,必须使它们与现有的经济的、社会的、城市的、区域的和国家的物质和文化环境相适应。"从老街及居民的发展出发,做保护性的整治与利用,整治包含保护、修缮与利用的内容,如图5.33所示。建筑根据其所在区位、建筑形态、传统特性的明晰性以及人们的认同程度进行分类。除小部分需拆除的建筑外,将现有建筑分为5种基本类型加以保护或利用:整体保存、局部保存、风貌整治、改造利用以及拆除新建,保护"河、桥、街、巷"的整体格局和具有传统文化气息的传统民居。修缮传统沿街店铺,整合部分重点店宅院落,以市场为导向更新与创造新的小商品经济,并以此带动整条街的保护整治。这样,通过保护其建筑遗产从而保留了场所特色,通过复兴场所的市井文化和再生经济活力延续其特有的场所精神。

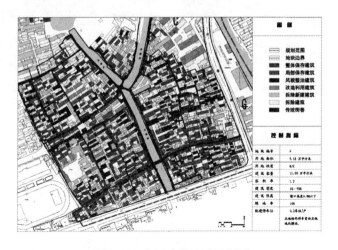

图5.33　街区建筑整治规划图

3.街区历史建筑的保护性再利用

1)从街区建筑形态上看,其建筑群的主要特性表现为小青瓦屋面,单层建筑居多,形成了该场所特有的空间形态和特征。因此,为显现"灰"的街区场所特性,改换目前一些建筑质量低劣的红瓦屋面,拆除搭建的部分违章平顶建筑,允许有少量非青瓦屋面建筑,但应注意街区特性明晰性的反映。保护现有的建筑层高与体量,规划新建建筑要与老建筑的体量、材料及色彩相协调,以不破坏场所的空间形态与特性的表达为标准,如图5.34所示,将建筑划分为6种类型,采取不同的方式加以整治,其中整体保存、局部保存、风貌整治、改造利用都属于历史建筑再利用的内容。

图5.34 东大街街区南侧沿街平、立面图

2）如皋东大街街区是市井文化，构成其主要场所精神，因此保护与修缮一些市民认同的商铺是一个便捷的途径。首先针对现存老字号历史建筑制定保护性再利用的策略：如103号潘恒昌糖果店、90号邵海峰面粉店、81~85号徐大昌酱油店、61号曹松记绸缎庄、43号曹家米行、31号冯永昌绸缎庄等。其次根据它的空间特色和氛围做一些商业特色复兴，例如经营传统美食：经营蒲茶干、董糖、黄酒、萝卜干等传统名优食品；或经营旅游商品如丝毯、地毯、勾针衣、棒针衣、红木雕刻、丝绸扎染等。

3）修复利用原街区的重要特色历史建筑，即得到人们广为认同的场所，如代表如皋地方文化传统的有药王庙、东皋茶园、蒋家祠堂等，代表地方传统商业的有汪德大布庄、曹松记绸布庄、徐大昌酱园、恒昌南货店等，通过考察利用一些完整的传统院落作为地方文化的纪念馆及博物馆，如李渔纪念馆、神探李昌钰纪念馆及丝绸艺术博物馆等。除此而外，还根据现状特质，考虑将一些保存较好的院落利用起来，作为艺术家工作室以及民俗旅馆区。我们认为这种保护性的再利用，或再利用中进行保护，比单纯的保护更能达到保护的目的。当然，以上这些仅是保护与整治初期，为了在保护原有风貌的同时，对其部分功能进行的重新定位，使其能够与现代人的生活更加贴近。一些再利用的方式是否恰当，尚须专家论证、公众参与以及实践的检验。

现在以药王庙的保护性再利用为例。药王庙位于迎春桥东侧，区位优势明显，属于东大街的中心区，具有"集结"周围街巷的重要作用，解放后曾作为变压器厂使用，人们只能够在迎春桥上搭建简易佛龛，以避免因场所的缺失所带来的心灵的失落。可见，人们对药王庙的功能与作用有着很大的认同性。对街区内药王庙建筑的复原整修主要是根据它的场所结构特征，恢复其原有的三大功能：①供奉三皇及历代名医，供人们烧香拜佛保佑健康；②恢复国药公会及药园，即中药业公会，做为社区的医药服务场所；③恢复过去赈济施舍的机构，即现在的爱心捐助站，同时成为旅游观光的又一场所，如图5.35所示。

人们的个性和社会属性的发展不是一蹴而就的，而是需要一个缓慢的过程。它需要在结构相对稳定的环境中进行，而不可能在一个不断变化的环境中进行。一些心理学研究表明，迅速变化的世界将人们与一种自我为中心的发展阶段相联系，而具有稳定结构的社会则能使人们的心智获得充分的自由。在环境变化中保持场所精神是一种积极而富于创造性的活动，它意味着在新的条件下创造

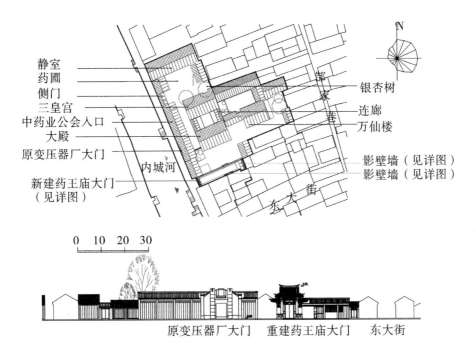

静室
药圃
侧门
三皇宫
中药业公会入口
大殿
原变压器厂大门
内城河
新建药王庙大门
（见详图）

部家巷
银杏树
连廊
万仙楼
影壁墙（见详图）
影壁墙（见详图）
东大街

0 10 20 30

原变压器厂大门   重建药王庙大门   东大街

图 5.35   药王庙修复平面图、沿街立面图

性地解释和体现业已存在的时代精神。尊重和保持场所精神并不意味着完全固守和重复原有的具体结构和特征,而是一种对历史的积极参与,人们在参与中获得了牢固的存在根基。[45]

如皋古城东大街承载着历史、饱含着记忆、积淀着文化,为这片城区的保护和发展提供了契机,同时也带来了责任和挑战。复兴老街的关键在于延续原有的场所精神,并再生其新的场所精神,即使其有机融入到现代生活中的同时,并再度散发出人们所熟悉的浓浓的市井气息。

第6章 >>

历史建筑场所构建的策略与原则

本章提出了场所构建的策略,并进一步研究了场所构建的原则与程序,研究了从场所结构分析、场所精神的确立到运用场所精神为标尺的过程中应注重的几个问题:场所现状调研、环境质量的把握以及公众参与和技术参与等。最后将场所理论运用到多宝塔的修复研究中,体现了场所精神在价值评判、确定修复原则以及具体修复措施的选择上的标尺作用。

6.1 历史建筑场所构建的策略

本节重点探讨场所构建中的几个策略:调研和分析、环境质量的把握、场所精神的发现与创造、经济效益的带动作用、公众参与和技术参与等。

6.1.1 场所现状调研

在对历史建筑进行整治与再利用之前,首先要进行彻底的调查和深入的分析,判定历史建筑的历史价值和实际保存状况。根据当地文物建筑的分类和文物建筑保护条例,确定待改建建筑是否属于文物建筑,了解其允许改动的范围和程度,避免对重要历史建筑造成无可挽回的损失,同时也要认定待改建建筑是否属于有价值的历史建筑。对于没有较高实用价值或历史意义不大而且破损较严重的建筑,要全面考虑维护、改造、再利用与推倒重建之间的经济效益和社会效益。

城市处于不断地"新陈代谢"中,建筑的整旧翻新是城市发展的必然趋势。因而确定哪些建筑是可利用的历史建筑,是否有保留改建再利用的价值,这是至关重要的第一步。在确定了保护范围之后,要充分进行测绘调研工作,明确建筑的实际情况,例如结构、外檐、内部装修、设施等,以便掌握建筑在空间、结构和使用上的特征,为下一步的改造利用做好准备。历史建筑保护与利用的成败很大程度上取决于对原有建筑的调查和分析,这样才能充分挖掘原有历史建筑的场所精神。[77]对于一个历史建筑再利用的项目而言,设计者必须还要对建筑场所的物质结构与精神结构做深入的调研。其中包括区位状况、建筑特征状况、使用者的状况以及人的感知与认同等内容。表6.1从场所理论的角度提出历史建筑再利用场所调研初期应掌握的内容。

表6.1 历史建筑保护与利用初期场所调查表

空 间	特性(意义)
区位状况:位置、建筑朝向、风貌特征	
建筑特征状况: （a)建筑形态:建筑类型、建筑结构、建造方法、材料特征、建造年代、特异处 （b)空间特性: 建筑内部:面积、层高、是否有扩展余地?屋顶空间是否被利用?是否有结构限制空间重塑 建筑外部:建筑之间的空间是否被利用?建筑是否能够通过加建完成扩展?是否能在屋顶加层?完成新建的建筑能否和现有建筑完美结合?新建空间是否满足新的使用要求,如停车、服务、储藏等?是否有一些空间应该被拆除	空间形态: 建筑与环境共同构成的空间是否具有集中性、方向性、韵律感 特性的明晰性: （a)综合性气氛 （b)建筑特征是否明显 （c)其他人文特征的反映
使用者 原使用者、用途 新引入的功能与原有建筑的兼容性 使用者未来行为和运作结构改变的可能性	是否能成为人们方向感与认同感的客体

对于一个历史建筑再利用的项目而言,设计者还应该对建筑的历史沿革及物理状况进行调研,其中包括结构,构造,材料以及水、暖、电等设备状况,美学特征,环境特征,功能预测等内容。因此,在场所调研阶段,设计者还需要采用科学研究的方法。

6.1.2 场所精神的发现与创造

在历史建筑保护与利用中重视场所观念,就是有意识地进行发现与创造。这需要建筑师运用行为因素,根据人的需求、行为规律、活动特点、持续时间和使用频率等以人为中心的意象进行空间构思。在对历史建筑场所进行保护性再利用时,同样需要对场所精神进行发现与创造。

(1)发现场所的诱发力和识别性。完形心理学认为,有意义的、简单的或是人们熟悉的图形,在视网膜上保持的时间较久,容易被记忆。如:中国人在国外众多的商店招牌中往往对有中文字的特别敏感,对其他的基本上无记忆反映。因此,经常出现当地人熟悉的形式符号、空间特征、行为活动是吸引和诱发情感的关键。人们常说的标志性是场所或是场所中某一种形态给人第一直观的影像。

(2)提供某种活动内容的空间容量。能够使某种活动在此进行,必须提供相应的环境和场地。巴黎香榭丽舍大街上,空间具有多种用途,满足人的不同生活和情感需要。就像西蒙兹所说:"这是一个天堂般的场所,从戴高乐广场上凯旋门的肃穆庄严到雄伟威严的行政中心,再到富丽堂皇的公寓区、漂亮的商业区以及生机勃勃的咖啡馆遍布的街区,然后穿过公共公园的延伸部分,就到了壮观的精品艺术博物馆。而我们仅在一次短暂的晨间漫步中,就会体会到自己是战士、信差、政客、富人、艺术爱好者、诗人、情侣、放松自由而快乐的闲逛于大街的人,是受激励的观察者,最后则成了杰出的艺术鉴赏家。"[78] 只有在街上提供了足够多的空间容量,才能产生如此多的生活体验。

(3)保证持续活动的时间周期。设计者应提供多种互不干扰的独立活动空间,在不同空间边界强化表面肌理,形成柔性空间,才能保证以活动吸引活动,从而逐步发展为广泛而经常性的活动。比如城市广场或公园等公共场所开放时间的设置和管理办法的实施,在场所中组织开展的活动,等等。

通过分析归纳,可以得出,前两个条件是可以通过设计手段进行解决的,也就是说,通过常用的场所的塑造方式和手段,比如建筑修复与改造以及对尺度、空间、节奏、色彩、质感以及光影等要素进行合理化设计就能够实现。而关于持续活动的周期和时间则关系到场所运行的管理方式问题。[79] 同时,还应该看到历史建筑再利用并不是对旧有形式的模仿,而是在正确的考察基础上,掌握可靠资料,反复进行推理判断,依此对研究对象重新加以说明或修正。

6.1.3　场所质量的把握

1. 塑造本真的建筑环境

一个好的建筑场所,它的精神层次是丰富的,能被不同文化背景和年龄层次的人接受。"不同的文化产生了不同的建筑环境,因而也就划定了人们环境经历的基本框架。"[45]比如传统的庙会,商贩到那里是为了交换商品,孩子到那里是为了感受节日般欢乐的气氛,老人到那里是为了和朋友聊天,年轻人到那里则为了展示自己的服装和寻找心仪的对象。不同的人对环境有不同的期待和感受,环境如一部文学作品,普通的作品读过一次后就会被搁置起来,而优秀的作品则吸引人们不断地阅读,每一次阅读的过程就是读者与作品的交流。

图6.1　哥本哈根老城区

"场所意味着本真的建筑环境。本真的环境并不仅是物质状况的表现,而且是人们和其周围环境相互关系的具体体现"。一些老的城市空间,如图6.1所示是位于丹麦哥本哈根的老城区,那里的空间充满了节日的欢愉和生活的快乐,是可以称作"节场"的空间,这是现代建筑及环境无法比拟的。

海德格尔说过"艺术就是真理自行置入作品中。"在这样一个广场中可以感到场所的艺术性是自鸣的,广场和包围它的建筑以及周围的地景形成丰富的场所精神,这种精神已深深地根植于人们心中。随着时间的流逝,这种精神将愈发强烈。[80]

2. 结合无形文化的保护与利用

历史建筑作为人类文化的组成部分,以一种有形文化的方式呈现,但它与无形文化并不是截然分开的,而是一个事物的两个方面——如房屋与构造技术,剪纸与剪纸术,等等,两者相辅相成、相互依存。有时候出于某种需要,可以将两者分别独立出来,分门别类地加以研究与利用。如博物馆的从业人员可能更注重事物的征集,而工艺美术大师则可能更注重民间工艺与技能的咨询。但作为历史建筑的守护者,必须清醒地意识到历史文化自身所具有的整体性,并对有形文化与无形文化实施同步保护。既要在历史建筑再利用中充分注意对"有形"方面的保护与利用,也要充分考虑"无形"方面的保护与利用。没有对历史建筑"有形"与"无形"部分的通盘考虑,历史建筑的保护就没有科学性可言,其环境质量也无法衡量,同时也可能失去最后一个保护与传承无形文化遗产的机会。

6.1.4 经济效益的带动作用

在当今社会,历史建筑的再利用中不可回避的一个问题就是经济效益。"再利用"的效益因素与所引入的新功能和原建筑的匹配程度、对原建筑的维护程度、所处城市地段及社会经济背景等诸多因素相关联,具有很强的不确定性。

历史建筑的再利用基于对历史建筑的保护,涉及到很多专门技术和学术领域,其成本很难估算。但从经济观点出发,在物价波动剧烈、能源危机的今天,历史建筑的再利用,从材料、工资、能源消耗、设备等因素来看,往往比重建一栋新建筑更为节省。1976 年美国全国文物保护信托基金会(National Trust of Historic Preservation)所举行的一项名为"旧建筑保护的经济成本"(Economic Benefits of Preservation Old Building)的会议中,由实例分析得出结论:通常"再利用"可节省新建费用的 1/3 或 1/4[81]。但由于再利用涉及的维修工程比一般工程困难,所以历史建筑再利用的成本仍充满不确定性。

1. 从经济的观点出发对待历史建筑

欧美能源危机对建筑设计产生了巨大影响,就美国而言,国家节能法令的颁布,使经济成本成为需要考虑的首要方面。拟建工程需进行全寿命周期成本核算(Life-Cycle Assessment),其中很重要的一条便是通过对环境因素的分析以及最后的评估来确定已有建筑是重建还是改建。在能源、材料成本飞涨的年代,不能运用重型机械设备和新材料进行大规模的建设。欧美的历史建筑多为砖石结构，经久耐用，便于调整，适于新功能，如商店、餐饮、居住等。特别是某些建筑，地处市中心，交通便利，教育网络齐全，形式简洁具有美学特性，同时，城市的基础设施也可再利用，对它们的改建维护，省时、省力而且节能。20 世纪 60 年代，Josrph. Esherick 在旧金山将一座 19 世纪的仓库"打扮"得生机勃勃，改造成住宅，开创了旧房利用之先河。特别是英国，人们对维护、整修历史建筑投入了极大的热情，伦敦泰晤士河上的厂房现已改为办公房和公寓，和新建项目 44 亿英镑相比，维护、改建费用仅达 27 亿英镑。综合来讲，历史建筑再利用在经济上带来了益处，减少了新能源的需求，削减了材料设备上的交通费用。

2. 与文化产业相结合

中国经历了城市土地从无偿使用到有偿开发的制度变化。一般位于城市中心的历史建筑所在地段的升值潜力巨大，往往对开发商有很大吸引力，成为投资开发热点。同时，城市化带来的问题——人口膨胀、交通拥挤、能源短缺、环境污染以及新的生活方式引起的问题，都不可避免地投射到这些城市的中心部位。因此，在以经济利益最大化为目标的大规模城市拆迁活动中，如何利用城市文化维系城市记忆是一项紧迫的任务。

历史建筑的再利用是基于现有的城市结构进行的，不需要大量改变现有环境就能完成，所需成本较一般新开发项目更低。尤其在老城改造中，可以免除大量的土地征收费和公共设施再投资的费用。并且同新建相比，建设周期短，见效快，又可恢复城市活力，具有特殊的经济效益。

许多历史建筑位于老城区内，在城市中具有很强的区位优势，很多处于土地增值很高的黄金地段。而历史建筑一般层数不多，容积率不高，对其保护和再利用确实会造成房地产利益的某种损失，但是，历史建筑再利用的经济效益应该建立在长久的经营过程及整体经济体系中，而非只局限于初期房地产利益的比较之中。利用原有建筑以及建筑本身的历史价值，结合文化资产的总体开发经营，加上政府的奖励措施和公共设施的配合，建筑的价值将因保护性利用而提高。因此，从长远来看，历史建筑与产业相结合，可以增加产业价值，增加政府的税收，从而带动城市老旧衰颓地区的复苏。[82]

6.1.5　公众参与和技术支持

历史建筑再利用是一项技术性和实用性很强的活动,不仅需要公众参与,还需要技术参与。历史建筑中原本就容纳了大量社会财富和人口,对它的改造势必会影响到生活在其中的人的切身利益。对这些利益的调和与变更往往是新建建筑中所难以涉及的,也不是建筑师主观臆测所能解决的。因此需要建立完善的社会监督体系,对再利用过程中的每个环节进行必要的监督与建议,防止不合理的方案出现,如图 6.2 所示。

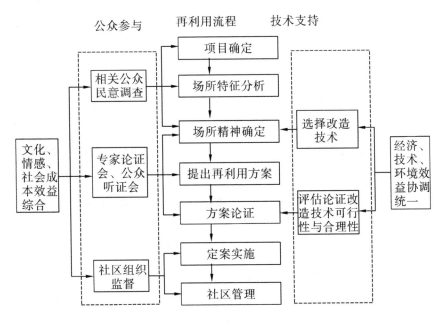

图 6.2　再利用中的公众参与和技术支持

例如,法国巴黎奥塞美术馆改建再利用,改建设计本身相当成功,但由于改建前的可行性研究不够深入,对原有火车站的大跨度空间用于展览贵重艺术品所出现的技术问题估计不足,致使利用后温度、湿度控制和照明的费用很高,影响了利用效益。[83]可见,历史建筑再利用也不能忽略建筑技术的作用。

1. 公众参与

公众参与(Public Participation),从社会学角度讲,是指社会群众、社会组织、单位或个人作为主体,在其权利义务范围内有目的的社会行动。设计的评价工作是由公众,如政府官员、专业技术人员和开发商等通过参加行政和技术方面的论证会,使用者和公众参与的听证会和公众表决活动,从不同角度、不同方面对方案进行评论。其结果是反馈更多的信息和有益建议,有助于历史建筑的合理保护与利用。历史建筑再利用中的公众参与是项目方、设计方同公众之间的一种双向交流,其目的是使项目能够被公众充分认可,并在项目实施过程中不对公众利益构成威胁,以取得经济效益、社会效益和环境效益的协调统一。

公众参与可使历史建筑的保护更具合理性、实用性和可操作性,也利于提高公众的保护意识。因此,如何在历史建筑再利用中有效实施公众参与显得十分必要。

2. 技术支持

为了历史建筑再利用的自由发展,必须首先了解它本来就是一项综合性的技术,不具有近代科学所要求的那种排他性体系,这是非常有益的。它常是开放性的体系,要是勉强地将它封闭起来,所谓的保护与利用的目的就完全变了。当然,再利用技术必须通过努力不断提高,必须把眼光投向更广泛的领域,巧妙灵活地运用各项技术,拥有这样一种态度,才能使某些场所重新得到修复与利用。[4]

建造一幢全新的建筑可以采用的结构体系、构造方式比一幢历史建筑改造要灵活得多。也就是说由于历史建筑是已经存在的实体,因此,它对再利用的手段限制较多,创作的自由空间较小,建筑师必须在历史建筑允许的范围内选择改造的技术。另一方面,再利用往往会对原有的结构和构造进行一定程度的破坏与调整,因此,再利用本身所需要的施工技术也需要更加先进,更加合理。

历史建筑改造的技术包括两大部分:保护技术和建造技术。第一类技术包含防腐、防火、防虫、加固、翻新等,需要由专门从事建筑保护的人员进行处理。第二类技术需要由建筑技术人员与建筑设计师积极配合,在有限的条件下设计出解决方案。在进行施工以前,要充分论证技术的可行性和合理性,避免改建性破坏,以防止日后再投入大量资金进行维护。对于已经破损到无法应用现有技术进行再利用的历史建筑,或者虽可以再利用,但要付出非常规的技术手段的历史建筑,应考虑采取其他方式对待。

6.2 历史建筑场所构建的原则与程序

6.2.1 场所构建的原则

1.真实性原则

正如哈姆林所说:"如果在社会中所有的建筑物都具有真实的性格,那么社会本身就会同样引人入胜。"古斯塔夫·乔瓦诺尼(Gustavo Giovannoni)在"科学性修复"理论中指出,真实性的根本目的是要尊重历史建筑原真的艺术生命,而不仅是它的形式;反之则会出现历史的混淆。他把建筑保护与修复置于广阔的社会与时代背景中,提出问题的角度更深广,解决问题的思路也就不局限于建筑修复本身,从而进一步提出了历史建筑保护与使用价值存在某种平衡的观点。在方法上,他提出"形象解析"的概念,即采用最可能的附加物来重新组合那些现存的支离破碎的构件。这些附加物的材料特性应是中性的,它们对再利用对象整体所造成的依赖程度应为最小,而这种中性附加物是指现代建材与方法[23]。因此,在历史建筑再利用中的真实性原则就是对新旧元素(材料、材料组合方式、形体构成)的真实性表达。

保护场所的历史真实性并不是说对历史建筑不能进行变更,而是要求在变动的同时,能够清晰地显现出场所中时间的痕迹,改动部分与原有建筑应尽量显现出各自不同的时代特点,不至于被后来人混淆,这一点对于具有较大历史价值的旧建筑尤为重要。例如名人故居、重要历史事件发生地点等,其所含的历史信息不应该被扭曲。历史建筑再利用应该尊重建筑自身和建筑所处地区的历史发展过程,不应该为追求片面的经济利益和所谓的面子工程而建造假古董。

2.整体性原则

对历史建筑的再利用应该站在塑造城市形象和特色的高度来加以考虑,将再利用纳入城市发展规划和市政建设规划,即坚持场所的整体性原则。采取由"面"到"点"的方法来达到保护与利用的目的。事实证明,单纯的"点"的保护利用是远远不够的。这种只见树木不见森林的保护措施,实际上是把本已与现代生活有某种疏离的历史建筑进一步孤立起来,使它变成点缀和摆设,而非现代城市的有机组成部分。

因此,近年来许多国家从对单个建筑的修复利用,开始向形成历史街区特色建筑群的改造过渡。这种大规模的改造工作,为今后更好地对城市进行修复和改造,提供了许多有益的经验。从城市建设史和建筑美学观点来看,对城市历史建筑进行保护性再利用,可保证对不同阶段建设的具有不同特点的街区,进行统一的历史风貌保护和恢复。如果古城中任何一条街道都可以成为合乎比例的、同一形式的历史建筑群范例,那么综合改造的方法,不仅能够清楚地认识当前城市建设安排新建筑的可能性,而且还能确定新建筑的规模、轮廓、体量,从而选择与该街区风貌相协调的建筑美学参数,为保证新建筑功能的更加合理创造适宜条件。此外,只有修复和改造工作的整个过程具有完整性和正确性,才能够保证城市历史环境和历史建筑场所间的良好关系。[84]

3. 延续性原则

建筑是有生命的,历史建筑在现代依然不断地演绎发展,对它们的利用不仅体现在物质价值上,还体现在建筑精神价值的延续、城市整体文脉的保持与发展上。早在 20 世纪 60 年代至 70 年代,意大利建筑师阿尔多·罗西就提出场所精神的概念,并强调要引入时间维度,使人们关注城市的历史延续以及对城市建筑人文价值的关怀。可见,历史建筑的再利用是基于可持续性发展观念的活动,它所强调的不仅是建筑物质基础持续地利用,任何修复与改建都不是最后的完成,也没有最后完成而是处于持续的更新中。[85]

1975 年欧洲建筑遗产年的发起,唤起了人们对往昔历史文化的追忆。这是在高技术发展所带来的能源和传统文化双重危机下,采取的自觉行动。20 世纪 80 年代世界环境与发展委员会在报告中将可持续发展定义为:"满足现今需要而不损害满足其自身需要的能力的发展。"这使可持续发展观点下的传统建筑保护有了综合的含义。90 年代欧洲议会强调在欧共体内各国应发展一个整体计划来保护与发展环境,既提倡自然资源的保护和可持续利用,又立足改善自然、人工环境,提倡从各方面认识历史遗产的价值。与 70 年代相比,对历史建筑的利用除了强调经济可行性以外,更多的老建筑经评估上升为保护建筑。对其使用不能擅自改动布局,需按原样进行,对利用历史建筑提出了更高的要求。[86]因此保持历史建筑的可持续性,应该尽量避免对建筑进行破坏性改造,如大拆大建,破坏原有结构的独立性和稳定性,重细部而轻整体等作法。

建筑的可持续发展理论强调建筑和城市的发展应当满足现代人的需求,又不危及后代人的生存及发展环境。1993 年美国国家公园出版社出版的《可持续发展设计指导原则》中列出了"可持续的建筑设计细则":

1)重视对涉及地段的地方性、地域性理解,延续地方场所的文化脉络。

2)树立建筑材料的低耗费能量和循环使用的意识。

3)完善建筑空间使用的灵活性,以减小建筑的体量,将建设所需资源降至最小。

4)减少营建过程中对环境的破坏,避免资源及建材浪费。

由此可见,历史建筑再利用顺应了当今社会可持续发展的呼声和要求。这些可持续发展的建筑理论进一步使人们发现了充分利用历史建筑在环境方面的重要意义,促进了历史建筑再利用在全世界范围的推广和应用。

4. 经济合理性原则

历史建筑再利用中的场所建构虽然是建筑保护的一种做法,但是它应该具有经济合理性。换句话说,历史建筑再利用若没有财政、经济的支持是不可能进行的。如果仅是在"保护"的框框内求得收支平衡,也是不可能的。作为简便的再利用手段,多以观光旅游、商业设施、博物陈列等公用设施求得收支平衡。对所有的再利用对象都采取这种方式也不一定都是合适的。特别是对实行商业化有很大危险,也可能会失去保护的目的。再利用的投资费用不能间接地计算其投资效果,必须从更高层次上充实社会资本的角度,目光长远地计算。为了保护良好的场所精神,或空间质量,需要有相应的投资,如果享受了这种空间的人群萌发出"受益"意识,也许能产生出经济的推动力。[4]

如上所述,一个好的再利用计划可以极大地节约建造成本,有时还可以带来可观的经济收益和社会效益。因此,对于一般的历史建筑来讲,项目的经济性是再利用的重要原则之一。评估一个项目是否具备经济合理性是再利用前期准备工作中的一个重要部分。在评价一个项目的经济性时,不仅要计算项目在进行以前和进行中的建造成本,还应预测项目完成后所带来的经济收益和文化效益、社会效益。将综合评估的结果同历史建筑现有的经济性和其他保护性再利用计划的经济性相比较,得出再利用计划是否有经济的合理性和可行性。

6.2.2 场所构建的程序

本节以场所构建策略为根据,归纳了历史建筑再利用中场所构建的程序,主要包括现状调研评估、场所特征分析、确立建筑场所精神、以场所精神为标尺到场所的整合设计等,如图6.3所示。对于每一个历史建筑再利用都会面对复杂的社会、经济、文化背景,该场所构建的程序仅是从场所理论的角度所作的一个图示,希望它在历史建筑再利用的实践中有所助益。

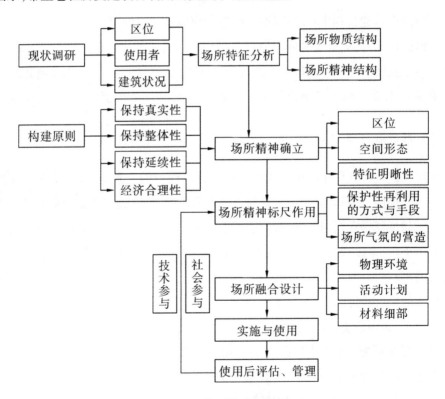

图6.3 场所构建的程序

6.3 场所理论在普陀山多宝塔复原研究中的运用

普陀山多宝塔属元代宝箧印经塔,是具有多重属性的历史建筑,但是由于文革期间遭到严重破坏,围绕该塔展开的各种宗教活动以及其他相关活动都无从开展,如今的状况是仅作为一个元代的文物建筑封存在败落的塔院中。为此有关部门曾多次提出对多宝塔进行修缮并恢复使用。但是,由于该塔受到多个部门的管理,文物部门、宗教界、建筑界等方面对于多宝塔的修缮一直存在着不同观点,虽然经过多次讨论,仍然存在一些分歧。本研究试图从场所理论的角度,对多宝塔的建造历史及现状进行考察,分析其场所特征,并试图通过场所精神的确立,解决修复原则的分歧,从而确立修复的方针与利用方式 。

6.3.1 历史沿革及现状调研

普陀山多宝塔,又名太子塔,位于普陀山主寺普济禅寺东南,海印池旁。取《法华经》中多宝佛塔之义定名,始建于元朝元统二年(公元 1334 年),迄今已670 余年的历史。多宝塔几经兴衰,在"文革"期间,塔身佛像惨遭破坏,直至"文革"结束,各种佛事活动才开始恢复。1986 年 5 月,有关部门决定对多宝塔进行修缮,对该塔的现状、历史进行了初步考察。2003 年 4 月,又在 1986 年考察的基础上,进行了收集、考察、整理工作,除此之外还进行了地质勘察测量;多宝塔现状定位、变形、沉降的实测工作;石材性质鉴定、结构安全的雷达探测和计算等。

1. 多宝塔的历史沿革

历史上的多宝塔和普陀山一起历经劫难,如图 6.4 和图 6.5 所示。仅在明洪武、清顺治和康熙年间就经历 3 次灾祸,但无重建记载。在塔身一层南侧佛龛面框上有万历二十年(1592 年)重修题记。至民国初年,该塔即如 1919 年普济寺住持了余和尚在重修太子塔碑记中所描述的:"普陀山多宝塔迄今五百八十余年,……塔顶已脱,圣像残缺,石缝裂开,势将崩倒。"1919 年 3 月,对多宝塔进行修缮,缺坏处及其外部,均以水泥敷之。又开拓地基,四周缭以垣墙,创建塔院。筑正殿五楹,中三间供佛,旁二间住守塔僧,长时奉侍香火。殿后复有偏厦四间,以安厨灶。当时,普陀山尚有三寺、七十余房头、一百四十余茅篷。此后虽历兵灾战火,有所荒废,至"文革"前仍不失为佛家圣地。但是"文革"期间多宝塔螭首、佛像等惨遭破坏。1979 年 4 月成立了普陀山管理局,7 月普陀山各种佛事活动开始恢复。1980 年 3 月普陀山佛教协会复会,遂使古寺逐一修复。1986年开始,又有修复多宝塔之议。

图 6.4　1922 年普陀山多宝塔　　　　图 6.5　1986 年普陀山多宝塔

2. 现状调研

据了余和尚重修碑记,旧有塔院是 1918 年重修时创建的。据遗迹可知,塔院西向设门,恰在多宝塔东西轴线上,东去 11.6 米,即为五间正室,单檐歇山式,建在 11.4 米×16.4 米的石砌台基上,结构良好。塔院四周围及四间偏厦早已不存,就现状看,此塔院四周,南界道路,北接居民畦圃石护壁及一旅游山庄,西隔路临池,东于正室后设门,门外已辟停车场。[87]

塔平面呈方形,高约 17.635 米,双层塔座,三层塔身,共五层,有台无檐。其中上三层全部用太湖石砌筑。四面均凿龛,各浮雕佛一尊,一层为菩萨。每层挑台置石栏,底层基座平台较宽,四周栏下雕螭首,作吐水状(无吐水孔)。顶层四角饰有蕉叶山花,并以仰莲状作为塔刹(后加时有变化)。[89]

6.3.2　场所特征的分析

以下试图以场所理论为依据,针对普陀山多宝塔的空间与特性进行分析,并从区位、建筑形态、特性的明晰性上对佛塔的场所精神进行探讨,找出物质结构中最能反映其场所精神的内容,即以场所精神为标尺,找出需要修复的内容,并分析得出应该复原的程度以及所应采取的技术措施。

1. 区位优势

多宝塔场所的空间特征,可以从清康熙《普陀山志》看出,多宝塔临海而立,依山傍水,成为普济禅寺的一个制高点,与周围的山林、池桥、寺僧共同组成一幅宁静而生动的画面,如图 6.6 所示。可以看出,由于佛事活动的存在,以及与周围普济禅寺的空间关系,使多宝塔的区位优势仍然存在。

图 6.6　清代康熙《普陀山志》
木刻"宝塔闻钟"

2. 建筑形态

多宝塔也叫作宝箧印塔,也有人称它为"阿育王塔"。这种塔于三国时代在金陵长干寺开始建造。北魏时代的云冈石窟壁面雕刻之塔,也是此类塔的雏形。元代留下的宝箧印塔不多,其中最大的要数普陀山多宝塔。[89]多宝塔的形式是将宝箧印塔重叠,置于两层台基之上,其宝箧印塔叠置,塔的特殊形态仍然存在,其与周围形成的空间形态并没有丧失。

3. 特性的明晰性

多宝塔四面刻佛,石质雕刻丰富而精美,如图 6.7 所示。塔身每层每面设龛,龛内各刻佛像一尊。第一层塔身四隅设圆形蟠龙角柱,柱间列石佛共 18 尊。第三层塔身四角设突出如马耳状的山花蕉叶饰,刻工饱满流畅、气韵生动。塔身惟妙惟肖的佛像雕塑具有强烈的特征性,它不仅具有重要的宗教意义,同时也具有较高的艺术价值,与佛塔的造型共同构成了一种特有的建筑文化。

尽管区位优势还在,塔身的残破也没有影响基本的空间形态及建筑形态,那么,如果它的宗教场所精神没有丧失,则应该按照文物部门"保持原状"和"最小干预"的原则,严格保护其历史结构和建筑形态特征,允许必要的修缮和加固,但必须以不改变原貌为前提,这也许是文物部门不同意修缮佛像的原因。然而,由于塔身通体石质雕刻的损毁,使原塔曾经存在的最具明晰性的特性缺失,这说明作为场所精神构成的重要因素之一缺失,即作为宗教观瞻拜谒的场所,目前的状态严重影响宗教场所精神的存在。

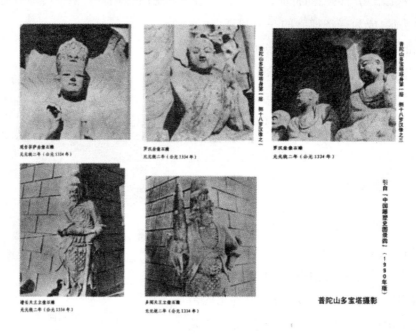

图6.7 佛像资料照片

4. 使用者的认同性

建筑作为上层建筑,是复杂历史的实物见证。[90]普陀山多宝塔反映了当时当地的政治、经济、宗教、习俗等多方面的部分情况,形制特殊。据《普陀山志》卷六,孚中禅师条下所述最详:"姑苏产奇石,师购善工,造多宝佛塔五层。载归海东,俾信心者礼之。(宣让王施钞建,故又名太子塔)"即元朝元统二年(公元1334年),宝陀观音寺(普济寺前身)的住持孚中禅师云游募化,得宣让王资助,且见姑苏盛产太湖美石,便立志建此塔。当时它的用途是作为埋藏佛教圣者(佛陀、菩萨、辟支佛、罗汉)的舍利。可见多宝塔首先是作为一种佛教的纪念性构筑物,作为佛寺的一个组成部分,为佛寺所拥有,为佛教徒所使用,根据场所理论,佛教徒的认同性是场所认同性的前提。

因此,宗教场所精神延续的关键在于其特性明晰性的恢复,即塔身通体雕塑的复原成为关键。这样才能更好地吸引信徒,满足寺院礼佛、拜谒的需要,从而促进佛教事业的发展。

6.3.3 价值冲突的分析

文物建筑包含大量历史信息,可以不断地被研究、破译,从而使今人可以利用,后人也可以利用。但是,由于各方面的专家在多宝塔的修缮原则上存在分歧,观点尚未统一,如何进行保护性再利用仍成为各方面专家争论的焦点。文物部门认为由于宗教因素的涉入,影响到作为文物的修复工作,而技术经济若达不到,也对多宝塔的修缮不利,因此提出"不改变文物原状"和"尽可能减少干预"的修复原则。而宗教部门则希望将多宝塔作为宗教构筑物进行完整的修复。鉴于以上不同意见,多宝塔的修缮应该以整体性修缮原则为主,兼顾真实性与延续性。下面从宗教情感、文物价值、艺术价值等不同角度探讨其修复原则。

(1)宗教情感——保持整体性

宗教是人类最早的文化现象之一,它是自然力量和社会力量在人们意识中虚幻的反映。在人类社会早期,由于人类认识自然、改造自然的能力极其低下,人们认为在现实世界之外,还存在着超自然和超人间的神秘力量主宰着自然和社会,从而对之敬畏和崇拜,进而形成了形形色色的宗教文化景观、宗教建筑、宗教礼仪和宗教艺术等多种内容组成的地域文化综合体。多宝塔作为佛教的文化实物,是一个不可替代之物,因此也应注重其特有的情感价值、宗教情感。佛教人士认为,不进行完整修缮,残破的现状无法面对信徒。他们认为佛教是一种信仰,不完全像文物古董一类的艺术品,佛教艺术应该为佛教信仰服务。因此佛教协会建议由信徒投票决定。

在关于原真性的奈良文件里曾提到,文化遗产保护的责任和管理权首先属于产生这一遗产的文化群落,其次才属于有意照料它的团体。因此宗教部门的修缮意见也是至关重要的。

(2)文物价值——保持原真性

作为文物古迹必须具有历史的真实性,即现存的实物必须是历史上遗留的原物,包括始建时完整的状态,历史上多次改建后的状态和长期受损后残缺的状态。多宝塔是元代建筑,现属省级重点文物保护单位,它的修缮也需要展现其物质形态和文化形态真实性。

（3）艺术价值——保持延续性

一些专家提出,现在的旅游者与佛教徒观念也在变化,对于是"修旧如新"还是"整旧如旧"有了一些新的观点。因此,传统观念是从历史本体论去认识文物建筑的,视建筑为历史的产品,时代是建筑物的重要标志。新的观念则普遍认为,建筑首先被赋予的是文化意义,是人类文化的产品;其次才是时间赋予建筑的历史意义。文物建筑同时具有文化和历史这两个重要特征,而文化意义是其最基本的特征。正因为如此,它们才成为人类历史文化遗产。保护历史文化遗产的目的是保存人类文明进程中物质的完整连续。文物建筑就是这种物质的表现者和见证者,它们能够传递和诠释文明进程中的历史信息,如重大事件、重要过程、突出成就、特殊意义和广泛影响等。因此,文物建筑的基本特征应该是它们所具有的文化意义,而历史意义只是表明文物建筑的时代身份和历史地位,古建筑只是文物建筑的一个部分,纪念性建筑也不能全部代表文物建筑。[91]罗哲文先生曾提到巴黎圣母院的保护修缮,也曾精确的复原了部分已风化的雕塑构件,使一些精美的雕塑艺术得以存在。

6.3.4　修缮保护的原则与措施

1. 修复原则

对多宝塔的修复主要不是工程技术方面的问题,因为它既没有严重的沉陷、倾斜,也没有明显的开裂与破坏,而是为了宗教观瞻拜谒的需要,恢复它本来的宗教艺术面貌,其他的职能应该是依附于这个主要职能的。即对其进行保护性再利用,恢复其宗教场所精神。因此,宗教场所精神的确立,能够提供选择与判断的标尺,以便合理性确定修复方针。一方面依据《中华人民共和国文物保护法》以及《中国文物古迹保护准则》中关于"不改变文物原状"以及"尽可能减少干预"的原则,尽量使用传统工艺、材料和技术,并体现可逆性和可识别性,尽最大可能保存多宝塔的历史遗存及其文化价值。另一方面尽量复兴多宝塔塔院的宗教氛围。具体措施主要包括三方面:其一,消除1919年歪曲本来面貌风格的残存水泥浆层,恢复原历史风貌;其二,有依据地修补恢复"文革"期间破坏的佛像及其他雕塑;其三,注重日常保养和环境治理,局部可使用防护加固。

2. 修复措施的确定

在对多宝塔修缮方案的选择中,一些重要细节的处理措施也成为了争论的焦点。若对其采用原状保护,对场所的宗教氛围仍没有起到很好的物质承托作用。因此,从总体的空间形态到细节的修复与否,甚至材料技术的施用,都需要充分考虑宗教特征性元素的保护与修复,如图 6.8 所示。

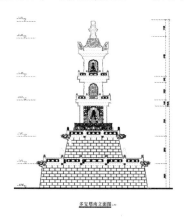

多宝塔南立面图

图 6.8 多宝塔南侧复原立面图

多宝塔在 1919 年维修时,全塔基本用厚厚的水泥层包裹,使得塔身一部分的文化信息被遮蔽,当时即引起国内外各界人士的惊异和不满(事见"中国文化史迹浙江卷")。物质作为精神的载体,其形态的变化将会影响其宗教精神的表达。因此决定在保护原有塔身的基础上,对水泥层进行剥离。这样做的原因是,首先不清理会带来安全隐患;其二,破落凋零严重影响宗教场所精神的延续,甚至连文物升级资格都无法取得。因此,彻底清除水泥层,同时尽量保存重修题字等有价值的历史信息,这是维修的首要任务。

(1)局部构件修复

修缮要以场所的整体性、真实性与延续性为原则,体现出场所的宗教场所精神,局部构件的修复也是为体现整体场所精神的需要。相对于上三层而言,下二层塔基台没有那么精美的雕刻,仅是承重高台而已。但是栏杆、螭首却不同,它们本身具有优美的文样。而且为了与整个多宝塔艺术风格保持一致,必须用苏州的奇石和善工,事实证明也确实如此。因此,对于栏杆、望柱和螭首应尽最大努力进行细心保护和修缮,如图 6.9 至图 6.11 所示。

图6.9　塔基台一层西南角螭首　　　图6.10　塔基台二层西北角螭首

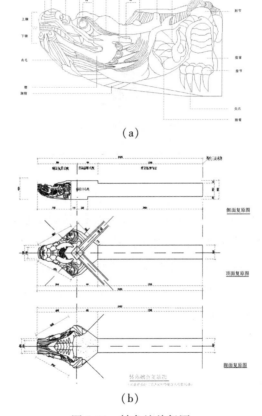

（a）

（b）

图6.11　转角螭首复原

（2）佛像复原研究

佛像是人们礼佛朝拜、供奉的对象，也是体现宗教场所精神的重要载体。多宝塔建造的目的是："俾信心者礼焉"，转义为相信佛的人。此塔应当是一座供佛教信徒瞻仰、礼拜的塔。也就是因为这个原因，小小的一座石塔，竟雕全了各类佛像,有如来、菩萨、天王、罗汉、供养人等。这些佛像尚有大量残迹、残件、照片。对它们的修复是对场所特征性元素的修复,是宗教场所精神得以延续的必要条件。图6.12所示为以佛像残片及资料照片复原的部分佛像雕塑,图6.13所示为韦驮天王的雕像复原研究图,也是依据雕像残块与历史照片复原而成。韦驮天王安置在第一层塔基台顶面,东侧居中,正对三圣殿中心轴线。韦驮天王复原设计,左侧深色部分为现有残件,是肚膛及两股铠甲与战袍的袍裳部分,呈左右对称的形式,再参考1907年照片、1922年照片,复原成如此图样。这里需要特别说明的是,该图仅作为复原研究之用,具体复原与利用的程度尚需进一步论证与分析。

 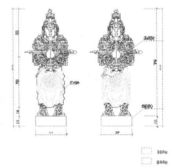

图6.12 依残片复原部分佛像头部　　图6.13 韦驮像复原图

(3)周边环境整治

场所是由建筑、环境以及在其中的人的行为共同形成的。好的场所存在着丰富的场所精神,这种精神来自于地景、建筑及人的塑造,同时场所精神也将反过来影响人的行为。[13]多宝塔不是孤立存在的,它是与周围优美的自然风光、独特的山海景观以及烧香礼佛的人们共同构成了其独特的场所精神,它们互相依存,相容共生。随着当今社会政治经济的发展,宗教事业也呈现出一片繁荣的景象。如今进山礼佛、拜佛和观光旅游的人们络绎不绝,因此整治多宝塔院也势在必行。针对以上情况,初步提出了以下几点整修意见:①整修完善三圣殿;②修复西侧大门楼;③规划整修塔院内外拜谒及观光道路;④恢复"海山第一"假山及刻石;⑤铺设沙池、草地、绿化带,种植荷、莲、牡丹等花卉植物,妥善保护现有香樟、楝树;⑥完善塔院内排水系统,防止积水、渗水。如图6.14所示。

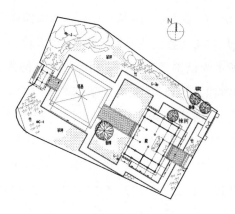

图 6.14　塔院修复整治图

3. 保护的技术措施

在对多宝塔实施修缮保护之前,针对其保护技术进行了比较与选择。就整个工程内容而言,艺术性多于和高于技术性,但是艺术性的实现又是完全依赖于技术性。因此追求技术的可靠性是本设计的基本出发点。修复以及清洗的技术,只是体现了对历史建筑"穿衣美容"的效果,要想使多宝塔真正的延年益寿,其躯体结构的健康尤为重要。所以,针对塔体结构的安全性能以及保护技术进行研究。

(1)整体探测与加固的技术措施[92]

1)地质雷达探测。为了解埋在地面以下的基础形式和尺寸,以及上三层塔身结构是否空心,以便在结构分析中较为准确的建立模型,分析其整体稳定性,保证维修工作的顺利进行,我们用无损检测仪器对多宝塔的基础及上部五层结构进行了检测。通过对探测资料进行处理和分析,得出基本形式和尺寸以及上部结构内部情况。

2)超声波检测。由于多宝塔的塔顶部分尺寸较小,考虑到测量精度和仪器操作的方便性,我们选用了超声波检测仪对塔顶的基座和台体进行了检测,通过对波形分析得到塔体里面空洞的基本情况。

(2)风化石雕的保护研究方法

1)三维激光扫描。随着保护修复的标准要求越来越高,仅仅依靠现在的尺量、拍照所获的平面抽象图纸,已经远远不能够满足历史建筑保护的要求。为此,针对多宝塔上佛像的修复,我们引进和应用目前国际上最先进的三维激光扫描系统测量技术。三维激光扫描系统可以确切记录建筑物的现状,记录构成建筑物空间主要关键构件的三维坐标位置,可以真实地记录建筑破损、材质分布的状态。它不仅可以获得精确数据、高效工作,而且其逼真的三维界面可以为保护修复施工和建筑档案提供非常可靠的依据。

2)使用 STGHYDRO 法国石材养护剂。由于塔体处于露天自然环境中,对空气中有害气体、冷凝水和风的浸蚀没有能力防御,因此,还需采取必要的保护措施。其可分为两个部分,一类是研究风化程度、深度的探测;另一类是防护材料性能的检测。研究石雕表面风化程度与深度的目的是为防护材料的选择提供依据,它们决定防护材料要达到的性能指标,材料的施工工艺,防护层的厚度等。

因此,拟在石质表面罩上一层无机或有机高分子材料保护层以防止其继续风化。国内外使用较多的保护材料有低黏度环氧树脂、聚甲基丙烯酸酯类、尼龙材料、有机硅树脂、氟碳树脂。其中有机硅系列产品特别受重视,它的型号、种类很多,可根据石质的致密程度、气候环境不同而选择合适的材料。[93]根据比较实验,多宝塔的石材养护剂拟使用 STGHYDRO 法国系列产品。该品不含氧化硅,可避免老化破坏;不含或少含氟树脂可避免保护层过分致密影响石材的透气功能;该品是中性产品,对石材和施工人员无伤害。

另外,在对多宝塔进行封护保护之前,应注意对其表面进行剥除和清洗,包括剥离塔身水泥砂浆层、清除杂草、苔藓以及某些黑绿色沉积物。

3)石材黏结及补强。在对石材的修复过程中,一般尽可能使用原来的工艺和材料,在传统的技术不能解决时,才考虑使用新材料、新工艺和现代结构技术,但在使用之前,必须通过实验证明它们的长远效果,确保它们能和原有构件共同起作用。在建筑结构配件和佛像的修补过程中,尽量使用苏州太湖产天然石材,雕刻成型,经鉴别可用后,才可安装就位。为了加强固定,对较大构配件须埋入不锈钢榫,然后再用石粉灰泥填塞。粘结加固破碎构件,重新制作时要与原件有区别。对于部分原构件与新构件结合部分,用糠叉丙酮改性环氧树脂,加入碎石、大砂、水泥等做成混合黏合剂。转角螭首悬空时预先做好支顶保护。石塔内的纵、横裂隙,采用锚固及化学灌浆加固方法;另外,以往的石构件勾缝,年久泥灰脱落,易渗入雨水,造成墙缝生草或膪闪,须考虑重新勾缝。[94]

6.3.5　场所重生的方式

多宝塔究竟应该以一个相对完整的佛教建筑物存在,还是以一个带有历史价值的残破形象存在,亦或以一座难得的艺术雕塑之塔将其复原呢?这里可以应用场所理论进行分析。作为佛塔,它的物质形态的存在方式应该与其场所精神相一致,并为其服务。那么它的场所精神究竟是什么呢?

(1)对文化多样性的尊重——发展宗教事业

对全人类而言,文化遗产的多样性存在于时间和空间中,因而要尊重其文化及其信仰体系中的所有方面。一旦出现文化价值的冲突,对文化多样性的尊重要求承认各个团体的文化价值的合法性。所有的文化和社会均扎根于各种各样的历史遗产所构成的有形或无形的固有表现形式和手法之中,对此应给予充分的尊重。对于多宝塔来说,其承载着宗教文化与信仰,是宗教类的建筑遗产,作为一类特殊的文物建筑,相关负责人应充分尊重宗教部门的管理及修复意见。[20]多宝塔虽然作为文物,但其宗教用途并没有丧失,其仍作为佛教的纪念物,参与到各项佛事活动中。

(2)形制特殊——开展科考教育活动

多宝塔形制特殊,为宝箧印塔,也称"阿育王塔"。元代留下的宝箧印塔不多,其中最大的要数普陀山多宝塔。[95]由于多宝塔具有特殊的建筑形制、空间特征以及所蕴含的历史文化特征,因此它不但吸引和诱发着宗教情感,还使人们对它产生一定的历史文化情感,成为多种情感相依托的物质载体。可见,今后以多宝塔为主体开展相关的科考教育活动也是很有意义的。

(3)场所的标志性——开展旅游观光活动

由于多宝塔地处佛教四大名山的普陀山,再加上它所具有的历史、艺术特征,这都成为吸引人们前往旅游观光的重要因素。但是由于多宝塔塔体的损毁与塔院的破败,使正常的宗教活动无法进行,也影响了其他活动的开展。因此只有对多宝塔进行修缮以及佛事活动恢复的基础上,才能保证以活动吸引活动。比如寺院礼佛、拜谒的重大活动可以定期举行,以更好地吸引信徒与游客,从而促进佛教事业与旅游事业的共同发展。

多宝塔较国内其他元代古塔类型独特,具有较高的历史、艺术和科学价值。多宝塔及其环境的修复和整治工作有利于真实地再现其历史面貌,恢复其在普陀山的特殊地位及作用,使其成为该地区佛教生活的组成部分,一个延续的宗教场所,并起到更好地发挥其形象标志的作用。本次修复仅对多宝塔做了基础性的调查研究以及试验分析,复原与再利用的部分内容尚待论证并进一步分析,这些问题的解决都尚待更多相关专业人才的通力合作,以及各主管部门的协调配合。

第7章 >>

我国历史建筑保护与利用的完善与发展

7.1 我国历史建筑保护与利用工作的加强与完善

中国正处于社会结构变革的时期,城市化与城市文化迅速兴起,消费型的商业社会逐步形成,具有全球化和后现代语境的大众文化正成为当代中国人生活方式的主流。时代遭遇"观念更新和范式转变",人们需要的可能就是康帕涅拉所说的"在特定条件下思考问题的方式"。随着历史建筑保护与利用的工作逐渐受到重视,其研究工作方兴未艾,新的问题和方法层出不穷。现在列举我国历史建筑保护与利用中还需加强与完善的三方面。

7.1.1 相关法规制度的加强与完善

1.相关法规制度的缺乏

历史建筑保护与利用不仅仅是一两部法律法规就可以保障的,如今我国出台了《中华人民共和国文物保护法》《中华人民共和国文物保护法实施细则》的许多相关地方保护条例。以北京目前相关法律为例,有《北京市文物保护管理条例》《北京市文物建筑修缮工程管理办法》《北京市文物保护单位保护范围及建设控制地带管理规定》《北京市文物工程质量监督工作规定》《纪念建筑、古建筑、石窟寺等修缮工程管理办法》和《古建筑消防管理规则中的个别条款》等涉及到这方面的条件。

历史建筑保护与利用是一项涉及多学科的实践活动,其保护管理等相关事宜都应进行详细规定,尤其有必要制定一套完整的建筑保护与利用的相关法则,做到有法可依。我国现有的相关法律主要着眼于"允许建什么""不允许建什么"和"建成什么样",局限于"建"的管理,而几乎没有对于建筑物拆、改的管理规定(少数历史建筑除外)。建议改变过去"管建不管拆"的做法,建立关于建筑物拆、改管理的相应法律法规,对建筑物的拆、改严格把关,从根本上制约对既存建筑的破坏。同时要特别强调,禁止对未达到使用年限、尚具有良好使用价值的近现代建筑的拆毁。

另外需注意的是,在历史建筑保护与利用中,对于建筑师来说,当前严重影响他们发挥作用的,与其说是要求保护历史建筑的各种条件,不如说是建筑基准法、消防法等法规中的各种严厉规定。在这些保护地区中,建筑红线、建筑密度、容积率、防火、耐火性能、结构强度等标准,对于这些标准,许多建筑物是不能满足规定要求的。一旦要进行保护工作,这些规定马上就成为难以逾越的障碍。这些都有待于对这一学科进行研究,并且通过学科的推进,能够完善相关法规制度,使这项工作能够顺利开展。[4]

2. 建立政府补偿奖励制度

面对当前我国旧城改造的热潮,因保护或再利用所形成的房地产损失是不可忽视的,尤其是在采取完全保护的方式时。因此如何通过减少私人利益的损失,提高私人保护意愿,是目前历史建筑保护中尚待突破的关键。通常可以采用政府直接经费补助、减免某些税赋、银行给予优惠循环资金贷款等方法。政府可以获得直接参与计划的机会,对开发者提出部分附带条件,以确保政府的财务补助不会遭到滥用;也可以避免开发者对历史建筑的过渡开发,有利于对开发行为的控制和对历史建筑的保护。

7.1.2 资金保障体系的加强与完善

1. 建立多支撑点的资金保障体系

历史建筑再利用的意义主要体现在:环境保护和维持生态平衡、历史文化的传承、城市的记忆及市民感情维系等方面的无可替代的价值,因此其在经济上往往并不以盈利为目的。政府应通过多支撑点的资金保障体系对其进行宏观调控。目前,我国还没有建筑保护与利用的鼓励政策,急需建立多支撑点的资金保障体系,主要内容包括政府直接补助、税费减免、公益团体捐赠及个人资金投入(均与政府行为相关)等。其中来自政府的税费减免政策,是资金保障体系的核心。通过资金保障体系的建立,可以调动私人资金投资于历史建筑保护与利用的积极性,从而起到开展再利用项目"催化剂"的作用。

2. 鼓励私人资金参与保护与利用项目

在西方国家,私人资金是建筑保护和再利用的最主要来源。因为历史建筑绝大多数是私人财产,业主自然会花钱维护,加上政府的资金支持和政策导向,历史建筑能够得到很好的保护与利用。我国历史建筑相当一部分是"公产房",房屋的使用者没有产权,不可能投入资金对其进行再利用。为了调动私人资金参与历史建筑的保护与利用,建议利用市场机制鼓励私人资金参与保护与利用项目。例如,将一些历史建筑出售给个人,政府除了可以将出售的收入用于历史建筑的保护外,更重要的是可以为它们找一个修缮保护的责任主体。政府在出售时,对历史建筑的保护可以提出全面要求,一旦发现购房者随意改变建筑布局结构等,可予以处罚,甚至追究房产主的法律责任。

7.1.3 专业学科的加强与完善

1. 加强专业教育

由于历史建筑保护与利用涉及的专业范围广泛,涉及建筑学领域中的大部分内容,因此培养历史建筑保护与利用方面的建筑师是一项艰巨的任务。就我国目前建筑学本科教育来看,进行此方面系统学习和训练的还为数较少,而且一些院校所开设的有关保护与利用方向的研究生教育又多包含在建筑历史专业中。

在西方国家许多大学都设置系统的历史保护专业和课程,历史保护学作为一门新兴学科,在建筑学、城市规划、景观园林、环境保护、历史学、人类学等领域都倍受关注。1981 年全美共有 45 所大学设有历史保护专业的学士、硕士学位课程,5 所大学设有博士学位课程,到 1989 年设有历史保护专业的大学已经超过 100 所。在这些专业中可以看到对历史建筑再利用的系统研究。

目前,中国建筑专业学生,他们所习惯和擅长的是平地起高楼和对空间和造型的把握,而对于历史建筑保护与利用的关键技术性、经济性和功效性的问题,在他们的课程教育体系中还很少见到。

2. 空间利用工程学的设立

关于历史建筑保护与利用的学科设立可以借鉴日本对于保全工程学的主要内容,其主要分成保护工程学和空间利用工程学两部分。

第一部分,保护工程学,所从事的领域很宽广,根据观察对象的不同,分类如下:

1)使对象不至于达到完全破坏状态的技术准备。

2)使保全对象空间重新获得适用价值的技术。

3)维持保全对象物理性状态的技术。

以上前两个方面实际上相互交织,分别由某一方面专家包揽未必合适。凡参与保护工程学的人都需要不断地在这三方面加以注意。只有将这三者统一,才有可能使保护工程学成为名副其实的科学事业。在1)中,包括行政管理的问题,经济性要素以及邻近关系等社会规划上的问题,2)和3)密切相关,从家具布置,到空间论,甚至可以扩展到更广泛的领域。

第二部分,空间利用工程学,是空间的利用方法,特别是居住的方式,关系到使用者和居住者微妙的生活情感,希望该方法培养出致力于此业务的专门技术人才。要求这些技术家们从考察开始到规划设计、细部设计和施工监督等广泛范围内开展工作,同时,也需要在施工现场,用适合于居民群众和建筑使用者的方式不断进行宣传。[4]

7.2　历史建筑保护与利用的发展趋势

随着人们对历史建筑保护与利用意识的加强,有关保护与利用的理论和观念在大量的实践和研讨中不断得到更新和发展,历史建筑保护与利用的范畴也得到扩展。它们对中国目前的历史建筑及环境保护具有很好的指导、启发和借鉴价值。具体有下述几方面。

1)保护与利用的空间范围扩展。历史建筑保护与利用不仅针对其自身进行功能置换、增加基础设施和服务设施等,常常还需要综合采用用地调整、环境整治和重要地标建筑物和环境形态要素的保护,使之成为清晰可见的地段历史发展的见证物,又具有全新的、符合当代使用功能和景观生态要求的一流环境。

因此需要对它们进行整体性保护与利用,其空间范围由主体建筑扩展到周围的环境,并且同时关注人文生态环境及传统的城市格局等更大的空间关系。

2)再利用的价值范畴扩大。重视历史建筑的文化及情感价值。中国以往对文物建筑的价值分为历史、美学、艺术三方面。在西方则还增加实用价值方面。到了 20 世纪 70 年代后期,人们提出重视文化价值和情感价值,其中,文化价值包括艺术、审美、宗教、种族、民俗等方面,情感价值包括认同作用、历史的延续、国家的责任感、精神的象征性、意识的凝聚力等方面。

3)再利用的对象扩大。国际古迹遗址理事会(ICOMOS)所主导颁布的一切宪章及公约,影响全世界各国与地区的文化遗产相关法令的研拟与实施,中国的文化保存当然也不例外。ICOMOS 组织本身所代表的含义就是纪念物(Monument)与文化遗址(Site)的国际性保存组织。这里的纪念物指的是各国遗留的富有历史意义的重要文化遗产。依据其重要性分为世界级、国家级与地方级等不同等级。但自从 20 世纪 70 年代以来欧洲各国对文化遗产的保存对象逐渐扩大。除了重要的纪念物,各城市中的历史建筑,如有特色及代表城市历史的个别旧建筑、建筑群以及聚落,甚至产业建筑也纳入了保护与利用的范畴。[96]结合中国的实际情况,对以上这些新观念多加了解、分析和把握,对我国的历史建筑保护与利用工作是十分必要和大有益处的。

结　语

在人类征服自然、改造自然的过程中,环境既带来了冲突与限制,也带来了和谐与创造,而千变万化的环境特征也必然映射到建筑之上,形成建筑的个性与特色。然而,现代理性主义超越了原有思想体系的不同民族的特征,过分强调建筑科学理性,作为一种推动力将我们带到一个具有普遍性的时代。如今,它的价值已渗入到世界的每一角落,使我们处于失去自身特点的边缘,这正是场所精神逐渐从我们身边淡化的一个征兆。

目前,我国各地区仍在大规模进行城市更新改造,以适应新经济体制的要求。20 世纪六七十年代一些在西方国家大规模城市建设和城市更新中所发生的弊端,也已经在我国显现出来。在城市现代化建设中,求快求政绩,往往丢失了体现自己个性的本土文化,只是盲目追求建筑空间的形式而忽视反映建筑内在场所精神内涵的作品比比皆是,民族性与地方性的历史文化衰微。从南到北,我们的城市变得愈来愈相似。这些背离场所精神的做法其实就是一种"非场所"思想偏向,它必将导致假、大、空的后果。针对这些存在的危机,促使我们去关注建筑与城市的关系,去关注场所精神。

历史建筑保护性利用无疑是一剂卓有成效的解决良方。建筑和城市都是容纳人们活动的空间,因为建筑的延续使用,使发生在其间的社会活动,包括经济、文化、政治等得以被佐证,成为人类文明的重要记录。19 世纪的建筑评论家拉斯金(Ruskin John)认为:"一个建筑的最大荣耀不在于它的石材,不在于它的金饰,建筑的荣耀出自于它的岁月,出自世世代代过眼云烟之后,在它铅华尽洗的墙上所散发出来了的回响、凝视、神秘的共鸣,不论过去的是与非。"[1]

建筑是有生命的东西,历史建筑在现代社会的不断演绎下,可以继续生存。对历史建筑的保护性再利用,既实现了其经济价值的转移,又体现了其文化价值的延续。其深远意义集中于对人类历史的尊重,并且从价值观念、社会性、美学

---

[1]　Ruskin,John. The Seven Lamps of Architecture. New York:The Noonday Press,1961.

和文化的角度体现出来。[97]

同时,我们也应认识到历史建筑不仅是历史、文化的记录,它们在社会、经济、环保等各方面的潜力也已经彰显出来。最近,在城市化、市场机制等转型期背景下,历史建筑的保护与利用等方面的研究也越来越受到人们关注。西方国家历史建筑保护和利用的范围也已经从对文物建筑的冻结式保护,发展到对大量普通的旧建筑的保护性再利用。人们对于历史建筑的价值取向,也已经超越了单纯的美学和历史,而是把它们视为城市经济发展和更新的一个契机,是现代社会经济体系中不可或缺的一环。

但是由于我国长期以来形成的保护理念、保护手段、管理体制以及现阶段经济技术水平的落后,历史建筑再利用在动力机制、技术手段、观念及政策等具体方面与发达国家相比都存在相当大的区别和差距。许多宝贵的历史建筑得不到有效保护与利用而迅速衰败。

随着我国经济发展不断深入,建筑市场将在未来的数10年内趋向成熟与饱和,一个所谓的重建时代将会逐渐取代目前的建设年代。在此情况下积极宣传历史建筑再利用的价值,制定有利于其发展的法规政策,引进国外先进的设计理念和手段,形成一个良好的建筑再利用运行环境,将使我们在重建大潮来临之际,不会感到手足无措。"他山之石,可以攻玉",特别是向那些在文化遗产保护与利用方面先进的国家学习。与此同时,从政府到民众、从业主到设计师都需要建立起深刻的历史文化观和可持续发展观,制定有效的保护条例和经济政策,加强从业者的职业教育和职业技能,从而寻找切合我国国情的历史建筑保护的可持续发展之路。

因为建筑学的永恒使命是去创造能体现人类存在的物化隐喻,建构人类生存于斯的存在空间。正如阿尔多·罗西(Aldo Rossi)在《城市建筑学》(Architecture of City)中所说:"不同的时间和空间观念与我们的历史文化息息相关,因为我们生活在自己营建的地景之中,并且无论在任何情况下都以之为参照。"[98]这也是我们从事历史建筑保护与发展工作的原动力。

图表索引

图4.6 马泰拉古山崖聚居区博物馆（路易吉·戈佐拉（意），刘临安，多米齐娅·曼多莱希（意）.意大利当代百名建筑师作品选.北京：中国建筑工业出版社，2002）

图4.7 意大利马泰拉特里卡利科撒拉人住区改造（路易吉·戈佐拉（意），刘临安，多米齐娅·曼多莱希（意）.意大利当代百名建筑师作品选.北京：中国建筑工业出版社，2002）

图4.8 特里卡利科撒拉人住区改造总平面图(同上)

图4.9 (特里卡利科撒拉人住区)立面及剖面图(同上)

图4.10 "雷峰夕照"旧景（阮仪三，林林.文化遗产保护的原真性原则.理想空间，2004(6)：22）

图4.11 "雷峰夕照"新景

图4.12 丰图义仓((a)外观图,(b)总平面图,总平面图为陕西大荔朝邑粮站提供，2002.5)

图4.13 岱祠岑楼、金龙宝塔

图4.14 功德林（路海军）

图4.15 鬼面岩（路海军）

图4.16 白龙洞（路海军）

图4.17 白龙洞景观分布示意图（峨眉山白龙洞景区项目文本，2004）

图4.18 白龙洞景区鸟瞰图（峨眉山白龙洞景区项目文本，2004）

图4.19 水光井亭平、立、剖面图

图5.1 德国科特布斯钟塔修复后外观

图5.2 德国科特布斯钟塔平、剖面图

图5.3 第二次世界大战前柏林威尔海姆国王纪念教堂

图5.4 教堂和新建钟塔

图5.5 教堂平、立面图（城市环境设计，2005,1）

图5.6 上海外滩 Bund 18 号楼修复后外观（http：gate/big5/dfdaily. eastday. com/d/20061127/images/00034468. jpg）

图5.7 上海外滩 Bund 18 号楼修复后内景（local. sh. sina. com. cn/yhzn/）

图5.8 里沃里城堡廊楼艺术博物馆外观（路易吉·戈佐拉（意），刘临安，多米齐娅·曼多莱希（意）.意大利当代百名建筑师作品选.北京：中国建筑工业出版社，2002）

（未标明者均为作者本人拍摄、绘制）

附录 A　历史性建筑再利用 20 世纪重要实践年表

年代	建筑名称	原建筑时间	再利用时间	再利用设计者	其他
1932	巴黎"玻璃屋" The Maison de Verre	18 世纪	1928—1932 年	皮埃尔·查理奥 Pierre Chareau	阁楼式建筑再利用先驱,1965 年被指定为登录建筑
1937	哥德堡法院改扩建 Gothenburg Law Courths	1672 年	1934—1937 年	G 阿斯普隆德 Gunnar Asplund	第一个将现代手法应用于历史性建筑公共性再利用
1951	热那亚白宫美术馆改建	1530－1540 年	1950—1951 年	福兰寇·阿尔比尼 Franco Albini	以现代理念、材料、造型与手法对历史性建筑再利用的探索
1961	热那亚红宫美术馆改建	1671—1677 年	1952—1961 年		
1963	威尼斯奎拉尼艺术馆改扩建	1869 年	1961—1963 年	卡洛·斯卡帕 Carlo Scarpa	
1964	维罗那城堡博物馆改建	1354—1356 年	1958—1964		
1964	旧金山吉拉德里广场 Girardelli Square	19 世纪中叶	1962—1964 年	劳伦斯·哈普林 Lawrence Halprin	第一个产业建筑遗产商业性再利用
1967	英国斯内普麦芽音乐厅	1894—1896 年	1965—1967 年	Arup Associates	厂房再利用为音乐厅
1978	波士顿昆西市场改建	1824—1826 年	1976—1978 年	Benjamin Thompson Associates	
1978	美国罗维尔国家历史公园	18—19 世纪	1978 年成立		产业建筑遗产大规模再利用
1980	伦敦女修道院花园市场改建	1829－1830 年	1975—1980 年	GLC Architects	菜市场改扩建
1980	艾希施泰特宗教大学图书馆	17 世纪	1978—1980 年	Karljosef Schattner	内院改扩建为中庭
1984	贝尔福市立剧院改扩建	19 世纪	1980—1984 年	让·努维尔	带朋克及解构色彩
1984	法兰克福德国建筑博物馆	19 世纪	1982—1984 年	O. M. Ungers	现代与后现代融合
1985	圣路易斯联合车站改扩建	1891－1894 年	1981—1985 年	HOK 事务所	火车站综合再利用
1985	伦教新肯考迪亚码头改扩建 New Concordia Wharf	19 世纪	1981—1985 年	Pollard Thomas & Edwards	仓库再利用为公寓楼,道克兰第一个历史性建筑再利用
1986	帕尔马皮罗塔宫改建	1583—1622 年	1970—1986 年	Guido Canali	纯净现代主义、高技、极少
1986	巴黎奥塞艺术馆	1898—1900 年	1983—1986 年	G Aulenti	温和后现代与现代主义融合

历史建筑场所的重生

年份	项目	建造年代	改建年代	建筑师	特点
1987	德国艾希施泰特新闻学院	17世纪	1985—1987年	Karljosef Schattner	中庭及外廊改建
	格拉斯哥王子广场商业中心	1845年建成	1985—1987年	Hugh Martin	带高技色彩的商业化后现代
1988	泰特美术馆利物浦分馆	1846—1848年	1984—1988年	詹姆斯·斯特林	后现代、高技、浓烈色彩
	伦敦鱼类批发市场改扩建	1874—1877年	1985—1988年	理查德·罗杰斯	高技、夹层
1989	维也纳Falkestrasse大街6号楼屋顶改扩建办公室	19世纪	1988—1989年	Coop Himmelblau	解构主义第一次应用于历史性建筑再利用外部改建
	伦敦想象力总部大楼	1905—1916年	1988—1989年	Herron Associates	膜结构的第一次应用
	德国萨布肯城堡改建		1982—1989年	G·博姆	带高技色彩的后现代
1990	热那亚卡罗·菲利斯剧场改扩建	1826—1831年	1983—1990年	阿尔多·罗西	温和后现代、大部分重建
	阿姆斯特丹玻璃音乐厅	1896—1903年	1988—1990年	Mick Eekhaut, Piete Zaanen	
	伦较烟草码头改扩建	1811—1814年	1985—1990年	特瑞·法雷尔	温和后现代、色彩丰富
1991	伦敦利物浦街火车站改建	1874年建成	1985—1991年	建筑设计集团	高技、后现代的完美融合
	英皇家美术学院萨克勒美术馆	1666年建成	1985—1991年	福斯特	纯净的现代主义
1991	伦敦利物浦街火车站改建	1874年建成	1985—1991年	建筑设计集团	高技、后现代的完美融合
	英皇家美术学院萨克勒美术馆	1666年建成	1985—1991年	福斯特	纯净的现代主义
1992	汉堡媒体中心	19世纪末	1983—1992年	ME DI UM Architects	
	哥伦布国际博览会仓库改建		1988—1992年	皮阿诺	现代主义、高技
	卢卡大教堂博物馆改扩建	13—16世纪	1989—1992年	Pietro Carlo Pellegrini	
1993	丹麦考灵市古堡改建	13世纪晚期	1972—1993年	lnger and Johannes Exner	
	洛杉矶中心图书馆改扩建	1926年建成	1983—1993年	HHP事务所	温和后现代与现代主义融合
	卢浮宫改扩建	1190年始建	1983—1993	贝聿铭	纯净的现代主义、高技、极少主义
	里昂歌剧院改扩建	1831年建成	1986—1993年	让·努维尔	
	新加坡克拉码头改扩建 Clarke Quay	1880—1930年	1988—1993年	ELS/Elbasani & Logan Architects, RSP Architects Planners & Engineers	

1994	里摩日大学法律与经济学院	20 世纪初	1989—1994 年	Massimiliano Fuksas	高技、解构、有机形态
1995	剑桥大学法学院	1766 年	1991—1995 年	John Outram	典型的后现代、装饰主义
1996	伦敦布特勒码头改扩建	1871—1873 年	1985—1996 年	Sir Terence Conran, Conran Roche	
	耶拿卡尔·蔡司光学工厂改扩建	1890 年	1991—1996 年	DEGW plc Architects & Consultants	
	诺宜斯尔雀巢法国总部	19 世纪中后	1993—1996 年	Reichen & Robert Architects	
1996	林果多菲亚特汽车厂改建	1917—1920 年	1988—1997 年	罗伦佐·皮阿诺	纯净的现代主义、高技
	法里尔工艺美术博物馆改扩建	1892 年始建	1990—1997 年	Jean, Marc Ibos, Mirto Vitart	
	布达佩斯荷兰国际银行	1883 年建成	1992—1997 年	Erick van Egersat	解构、高技、有机形态
	弗雷斯诺当代艺术学校（图11）	1905—1920 年	1994—1997 年	伯纳德·屈米	解构、"in－between"
1999	卡尔斯鲁厄艺术及体技术中心	1915—1918 年	1993—1999 年	P. Schweger	纯净的现代主义、高技
	德国国会大厦改建	1882—1994 年	1995—1999 年	福斯特	高技、生态技术、有机形态
	苏格兰建筑、艺术与城市中心	1893—1995 年	1997—1999 年	Page&Park Architects	
1999	德国柏林奥斯拉姆灯泡厂改建	1906—1914 年	1993—2000 年	Schweger & Partner Architects	
	伦软泰特现代艺术画廊	1947—1963 年	1994—2000 年	Herzog & de Meron Architects	
	大英博物馆改扩建	1823—1848 年	1994—2000 年	福斯特	内院改建为中庭、有机形态
	纽约中央火车站修复与改建	1913 年	1996—2000 年	Beyer Blinder Belle Architects and Planners	
2001	都柏林禁庙区复兴开发		1991—2001	Group 91 Architects	
2002	柏林舒特海斯啤酒厂改扩建	1890 年	1996—2001 年	Frederick Fischer	工厂再利用为居住区
	上海"新天地"	1920—1930 年	1997—2002 年	WOOD & ZAPATA INC NIKKEN SEKKEI International Ltd、同济大学建筑设计院	
2003	纽约宾州火车站改扩建	1910 年	2000—2003 年	David Childs（SOM）	高技、有机形体、美国最大的历史性建筑再利用项目

资料来源:时代建筑 2001/(4):84

附录 B　中国历史文化遗产保护发展的主要法律法规

（1）文物古迹、历史文化保护区及保护历史文化名城都适用的法律

《中华人民共和国宪法》第 22 条

《中华人民共和国刑法》第 174 条

《中华人民共和国城市规划法》

1989 年《中华人民共和国环境保护法》

（2）专指文物古迹保护的法律法规

1950 年	《中央人民政府政务院关于保护古文物建筑的指示》
1950 年	《关于名胜古迹管理的职责、权力分担的规定》
1951 年	《地方文物管理委员会暂行组织通则》
1951 年	《在基本建设工程中保护文物的通知》
1953 年	《关于在农业生产建设中保护文物的通知》
1956 年	《关于古文化遗址及古墓葬之调查发掘暂行方法》
1961 年	《文物保护管理暂行条例》
1961 年	《国务院关于进一步加强文物保护和管理工作的指示》
1963 年	《文物保护单位保护管理暂行办法》
1963 年	《关于革命纪念建筑、历史纪念建筑、古建筑、古窟寺修缮暂行管理办法》
1964 年	《古遗址、古墓葬发掘暂行管理办法》
1980 年	《关于加强历史文物保护工作的通知》
1982 年	《中华人民共和国文物保护法》
1987 年	《纪念建筑、古建筑、古窟寺等修缮工程管理办法》
1992 年	《中华人民共和国文物保护法》
1993 年	《关于在当前开发区建设和土地使用权出让过程中加强文物保护的通知》
2000 年	《中国文物古迹保护准则》
2002 年	《中华人民共和国文物保护法》第二次修订
2013 年	《中华人民共和国文物保护法》

（3）与历史文化保护区保护相关的文件

1997 年	《转发"黄山市屯溪老街历史文化保护区保护管理暂行办法"的通知》
2004 年	《城市紫线管理办法》

续 表

(4) 与历史文化名城保护相关的法规	
1982 年	《关于保护我国历史文化名城的指示的通知》
1983 年	《关于加强历史文化名城规划工作的通知》
1986 年	《关于公布第二批国家历史文化名城名单的通知》
1994 年	《关于审批第三批国家历史文化名城和加强保护管理的通知》
1994 年	《历史文化名城保护规划编制要求》
2005 年	《历史文化名城保护规划规范》

参考文献

[1] 北京宪章. 城市发展研究. 1999, 4.

[2] 薄贵培. 90 年代美国建筑发展趋势. 坦怀, 编译. 建筑学报. 1991, (10).

[3] 日本综合研究开发机构. 事典 90 年代日本的课题. 北京: 经济管理出版社, 1989.

[4] 日本观光资源保护财团, 历史文化城镇保护. 路秉杰, 译. 北京: 中国建筑工业出版社, 1991.

[5] 张松. 留下时代的印记 守护城市的灵魂. 城市规划学刊, 2005 (3): 31.

[6] 何礼平, 杨云芳. 建筑文化遗产的形态特征及发展状况. 浙江林学院学报, 2000(1): 93 - 97.

[7] xinhuanet. com/local

[8] Harry Lavnce Gornnam. Maintaining Spirit of Place. PAD, 1985.

[9] 黎小容. 古迹保护新趋势. 建筑史, 2006(22): 188.

[10] 梁航琳, 杨昌鸣. 中国城市化进程中文化遗产保护对策研究. 建筑师, 2006(2).

[11] David Seamon, Robert Mugerauer. Dwelling, Place and Environment——Towords a PhenomenologyofPerson and World. Dordrecht: Martinus Nijhoff Publishers, 1985.

[12] 郑时龄. 建筑批评学. 北京: 中国建筑工业出版社, 2001.

[13] 诺伯格舒尔兹. 场所精神——迈向建筑现象学. 施植明, 译. 田园城市文化事业有限公司, 1995: 192.

[14] 刘琮晓. "场所精神"的延续. 中外建筑, 2003(3): 30-32.

[15] 刘临安. 近百年意大利历史建筑保护的理论与流派. 建筑师, 1995(6).

[16] 顾军, 苑利. 文化遗产报告. 北京: 社会科学文献出版社, 2005.

[17] Bernard Feilden. Conservon of Historic Buildings. Architectural Press, 1994.

［18］谢辰生.中国大百科全书:文物·博物馆卷.北京:中国大百科全书出版社,1993.

［19］罗哲文.罗哲文建筑文集.北京:外文出版社,1999.

［20］张松.历史城市保护学导论——文化遗产和历史环境保护的一种整体性方法.上海:上海科学技术出版社,2001:12［21］Encyclopedia of Architecture. Design, Engineering & Construction. New York:John Wiley & sons,1988.

［22］W 鲍尔.城市的发展过程.倪文彦,译.北京:中国建筑工业出版社,1981.

［23］陆地.历史性建筑再利用在 20 世纪的发展足迹.时代建筑,2001(4):80

［24］周俭.在历史中再创造.时代建筑,2006(2).

［25］杨崴.德国历史建筑改建一斑.城市环境设计,2005(1).

［26］Antonello Stella. 意大利历史建筑的修复和再利用.涂山,梁雯,译.Art&Design,2007(10):12-15.

［27］Barbaralee Diamonstein. New Uses, Old Places:Remaking America. New York:CrownPub. 1986.

［28］http://www. arch. tsinghua. edu. cn/cscmah/re－3. htm

［29］www. beijingww. com

［30］孟繁兴,陈国莹.古建筑保护与研究.北京:知识产权出版社,2006.

［31］王祥荣,等.中国城市生态环境问题报告.南京:江苏人民出版社,2006.

［32］朱晓明.论历史建筑的维护与更新.中外建筑,2000(4):17-18.

［33］张卫,欧阳虹彬.关于历史性建筑改造与再利用的思考.建筑师,2005(4).

［34］黑格尔.美学第 1 卷.朱光潜,译.商务印书馆,1979.

［35］马克思,恩格斯.马克思恩格斯选集:第一卷.马恩列宁斯大林著作编译局,编译.北京:人民出版社,1995.

［36］万斌.历史哲学纲要.杭州:浙江大学出版社,1992.

［37］凯文林奇:城市意象.北京:华夏出版社,2002.

[38] 陈育霞. 诺伯格·舒尔茨的"场所和场所精神"理论及其批判. 长安大学学报, 2003(12): 30-34.

[39] 毛兵. 混沌: 文化与建筑. 沈阳: 辽宁科学技术出版社, 2005.

[40] Holl S, Anchoring. NY: Princeton Architectural Press, 1989.

[41] I. Durrell, Spirit of Place. London, 1969.

[42] 诺伯格·舒尔茨. 存在、空间、建筑. 君培桐, 译. 北京: 中国建筑工业出版社, 1999.

[43] 沈克宁. 建筑现象学理论概述. 建筑师, 2009. 85.

[44] 焦怡雪. 试谈历史性建筑的再利用. 南方建筑, 2000(2): 69-73.

[45] 刘先觉. 现代建筑理论. 北京: 中国建筑工业出版社, 1999.

[46] 霍耀中, 刘沛林. 黄土高原村镇形态与大地景观. 建筑学报, 2005(12): 42-44

[47] 蔡燕歆, 路秉杰. 中国建筑艺术. 北京: 五洲传播出版社, 2006.

[48] 刘加平, 张继良. 黄土高原新窑居. 建设科技, 2004: 19

[49] 王竹, 魏秦, 等. 黄土高原绿色窑居住区研究的科学基础与方法论. 建筑学报, 2002(4): 45-47.

[50] 克劳迪奥杰默克莫里奇, 梅兹阿戈斯蒂, 奥德菲拉里. 场所与设计. 谭建华, 贺冰, 译. 大连: 大连理工大学出版社. 2001.

[51] 赵慧宁. 建筑环境与人文意识. 南京: 东南大学. 2005.

[52] 张宁. 旧建筑的改建与再利用. 重庆: 重庆大学. 2002.

[53] 路易吉戈佐拉, 刘临安, 多米齐娅曼多莱希. 意大利当代百名建筑师作品选. 北京: 中国建筑工业出版社, 2002.

[54] 阮仪三, 林林. 文化遗产保护的原真性原则. 理想空间, 2004(6): 22

[55] 吴焕加. 中国建筑的传统与新统. 南京: 东南大学出版社. 2003.

[56] 杨宇峤. 百年仓廪 邑城屏藩. 同济大学学报: 社会科学版, 2007(3): 47-52.

[57] 罗晖. 峨眉山世界遗产地保护规划的探索研究. 规划师, 2007(3): 41-44.

[58] 颜元叔. 谈民族文学. 台湾: 台北学生书局, 1975.

[59] 袁益梅. 白蛇传故事的文化渊源. 殷都学刊, 2003(1): 80-84.

[60] A Rapoport. House Form and Culture. glewood Cliffs , 1969.

[61] 周彤. 历史建筑的有机保护. 湖北美术学院学报, 2001(3): 58-60.

[62] 露易. 历史建筑的再生. 时代建筑, 2001(4): 14-17.

[63] 约翰西蒙兹. 景观设计学. 北京: 中国建筑工业出版社, 2000.

[64] 斯汀拉斯姆森. 建筑体验. 北京: 中国建筑工业出版社, 1992.

[65] K Lynch. The Image of the City . MIT Press, 43.

[66] 杨崴. 德国历史建筑改建一斑. 城市环境设计, 2005(1): 102-108.

[67] 孙全文. 历史建筑再利用之理论与实践. 城市建筑, 2005(2):17-21.

[68] http://local. sh. sina. com. cn/yhzn/wanjia2683. html

[69] 肯尼思鲍威尔. 旧建筑改建和重建. 于馨,等,译. 大连: 大连理工大学出版社, 2001.

[70] 罗小未. 上海新天地广场——旧城改造的一种模式. 时代建筑, 2001(14): 24-29.

[71] 杨永生. 建筑百家言. 北京: 中国建筑工业出版社. 1998.

[72] 钟实. 女建筑大师张锦秋. 中华建设, 2005(3): 22-24.

[73] 如皋县志. 香港:香港新亚洲出版社,1995.

[74] 马克思, 恩格斯. 马克思恩格斯选集:第3卷. 北京: 人民出版社, 1972.

[75] 杨贵庆. 小城镇空间表象背后的动力因素. 上海:时代建筑, 2002(4): 34.

[76] 江苏如皋地方志办. 如皋要览. 上海: 上海科学技术出版社, 1988.

[77] 史逸. 旧建筑物适应性再利用研究与策略. 北京:清华大学. 2002.

[78] 约翰西蒙兹. 景观设计学. 北京: 中国建筑工业出版社. 2000.

[79] 罗珂. 场所精神——理论与实践. 重庆: 重庆大学出版社. 2006.

[80] 海德格尔. 人, 诗意地安居. 元宝,译.桂林:广西师范大学出版社, 2000.

[81] 陈煌, 邹德农.利用中的保护,保护中的效益.建筑师, 74.

[82] 李清泉. 老屋就是赔钱货吗. 新建筑, 1995.

[83] 焦怡雪. 试谈历史性建筑的再利用. 南方建筑, 2000(2): 69-73.

[84] 周长兴. 建筑古迹修复与历史街区改造. 北京规划建设, 2000(2): 56-58.

[85] 吴良镛. 北京旧城与菊儿胡同. 北京:中国建筑工业出版社. 1994.

[86] 朱晓明. 论历史建筑及环境的维护更新. 中外建筑, 2000(4): 17-18.

[87] 路秉杰. 浙江普陀多宝塔考察报告. 同济大学情报站, 1986.

[88] 方长生. 普陀山. 北京:当代中国出版社, 1998.

[89] 张驭寰. 中国塔. 太原:山西人民出版社, 2000.

[90] 罗哲文. 中国古代建筑. 上海:上海古籍出版社, 2001.

[91] 刘临安. 当前欧洲对文物建筑保护的新观念. 时代建筑, 1997(4): 41-43.

[92] 同济大学建筑设计研究院, 浙江普陀多宝塔工程实验报告. 2004.

[93] 黄克忠. 岩土文物建筑的保护. 北京:中国建筑工业出版社, 1998.

[94] 康忠镕. 文物保护学基础. 成都:四川大学出版社, 1995.

[95] 路秉杰, 杨宇峤. 普陀山多宝塔修缮研究. 古建园林技术, 2006(3): 29-33.

[96] 刘煜. 历史城市与历史建筑保护的新观念与思考. 规划师, 1997(3): 75-78.

[97] 林兆璋, 倪文岩. 旧建筑的改造型再利用. 建筑学报, 2000(1): 45-48.

[98] Aldo Rossi. Architecture of City. Cambridge:MIT Press, 1982.

后　记

本书以我先前参加的工程实践为基础，从收集资料、分析研究、撰写、修改到最后完成，每一环节都得到许多的支持和帮助。

首先感谢我的导师路秉杰先生，路老师严谨的治学态度、敏锐的洞察力和清晰严密的思维方式，使我非常敬佩并深受影响。在调研和写作过程中，路先生倾注了大量心血，指出方向、提供资料、开拓思路，在我遇到困难时候以宽厚的学者风范，给予我关心和鼓励，深深地感动了我。

感谢同济大学建筑与城规学院阮仪三教授、常青教授、卢永毅教授的指点和帮助。同时，向上海交通大学的王媛师姐在资料上给予的帮助表示特别感谢。向写作过程中给我诸多帮助的各位师长和朋友，一并表示深深的谢意。并特别感谢欧洲考察学习时的几位学友，陈侠、方芳、吴玲、郭志明、胡涛、荣华，是他们的协力帮助，才使我顺利完成了欧洲40多个城市与地区的历史建筑考察与调研工作及资料的收集。

杨宇峤

2015 年 5 月